B. Marincek
J. L. Marais
E. Zeller

OBERON

Ausbildung und Studium

Die Bücher der Reihe „Ausbildung und Studium" bieten praxisorientierte Einführungen für die Aus- und Weiterbildung sowie Bausteine für ein erfolgreiches berufsqualifizierendes Studium.

Unter anderem sind erschienen:

Studienführer Wirtschaftsinformatik
von Peter Mertens et al.

**Studien- und Forschungsführer
Informatik an Fachhochschulen**
von Rainer Bischoff (Hrsg.)

Turbo Pascal Wegweiser für Ausbildung und Studium
von Ekkehard Kaier

Delphi Essentials
von Ekkehard Kaier

Programmieren mit Fortran 90
von Hans-Peter Bäumer

Wirtschaftsmathematik mit dem Computer
von Hans Benker

Einführung in UNIX
von Werner Brecht

Datenbank-Engineering
von Alfred Moos und Gerhard Daues

Visual Basic Essentials
von Ekkehard Kaier

Excel für Betriebswirte
von Robert Horvat und Kambiz Koochaki

Grundkurs Wirtschaftsinformatik
von Dietmar Abts und Wilhelm Mülder

Praktische Systemprogrammierung
von Helmut Weber

**Ingenieurmathematik
mit Computeralgebra-Systemen**
von Hans Benker

Excel für Techniker und Ingenieure
von Hans-Jürgen Holland und Uwe Bernhardt

Relationales und objektrelationales SQL
von Wolf-Michael Kähler

Kostenstellenrechnung mit SAP® R/3®
von Franz Klenger und Ellen Falk Kalms

Relationales und objektrelationales SQL
von Wolf-Michael Kähler

Theorie und Praxis relationaler Datenbanken
von René Steiner

OBERON
von B. Marincek, J.L. Marais und E. Zeller

Vieweg

B. Marincek
J.L. Marais
E. Zeller

OBERON

Ein Kurzleitfaden für Studenten

OBERON® ist ein eingetragenes Warenzeichen der Oberon microsystems Inc., Zürich (Schweiz).
Die Autoren bedanken sich für die freundliche Genehmigung der Oberon microsystems Inc., Zürich (Schweiz), die genannten Warenzeichen im Rahmen des vorliegenden Titels zu verwenden.
Die Oberon microsystems Inc., Zürich (Schweiz) ist jedoch nicht Herausgeberin des vorliegenden Titels oder sonst dafür presserechtlich verantwortlich.

Alle Rechte vorbehalten
© Friedr. Vieweg & Sohn Verlagsgesellschaft mbH, Braunschweig/Wiesbaden, 1999

Der Verlag Vieweg ist ein Unternehmen der Bertelsmann Fachinformation GmbH.

Das Werk einschließlich aller seiner Teile ist urheberrechtlich geschützt. Jede Verwertung außerhalb der engen Grenzen des Urheberrechtsgesetzes ist ohne Zustimmung des Verlags unzulässig und strafbar. Das gilt insbesondere für Vervielfältigungen, Übersetzungen, Mikroverfilmungen und die Einspeicherung und Verarbeitung in elektronischen Systemen.

http://www.vieweg.de

Die Wiedergabe von Gebrauchsnamen, Handelsnamen, Warenbezeichnungen usw. in diesem Werk berechtigt auch ohne besondere Kennzeichnung nicht zu der Annahme, dass solche Namen im Sinne der Warenzeichen- und Markenschutz-Gesetzgebung als frei zu betrachten wären und daher von jedermann benutzt werden dürften.

Höchste inhaltliche und technische Qualität unserer Produkte ist unser Ziel. Bei der Produktion und Auslieferung unserer Bücher wollen wir die Umwelt schonen: Dieses Buch ist auf säurefreiem und chlorfrei gebleichtem Papier gedruckt. Die Einschweißfolie besteht aus Polyäthylen und damit aus organischen Grundstoffen, die weder bei der Herstellung noch bei der Verbrennung Schadstoffe freisetzen.

Konzeption und Layout des Umschlags: Ulrike Weigel, www.CorporateDesignGroup.de

Druck- und buchbinderische Verarbeitung: Hubert & Co., Göttingen
Gedruckt auf säurefreiem Papier
Printed in Germany

ISBN 3-528-05691-6

Vorwort

Die fast stürmische Entwicklung der Informatik der letzten Jahre im Allgemeinen und der Programmiersprachen im Speziellen hat zur Folge, dass es sogar erfahrenen Informatikern schwer fällt die Übersicht über die heute üblichen Programmiersprachen zu erhalten. Ähnlichen Problemen ist auch der Anfänger ausgesetzt, der in einer möglichst kurzen Zeit weitgehende Kenntnisse einer ihn interessierenden Programmiersprache erhalten will, um selbst zu programmieren.

Der Schreiber eines Programmiersprachebuches ist vor die Frage gestellt, auf welche Art und Weise er seine Erklärungen vermitteln soll. Die erste Frage die sich dabei stellt ist, ob man sich mehr auf die Vermittlung der Grundlagen, die lange gültig bleiben, oder sich auf die sich schnell verändernden speziellen Kenntnisse konzentriert. Die Fülle des Stoffes führt zwangsläufig vom Speziellen zu Grundlagen. Die Erfahrung zeigt aber, dass die Grundlagen allein auch nicht das Vorteilhafteste darstellen. Am günstigsten ist die Behandlung der Grundlagen und ihre Anwendung in der Praxis, d.h. an Programmbeispielen. Auf diese Art erhält der Leser nicht nur das Grundlagenwissen, sondern auch das Können, d.h. die Fähigkeit, sein Wissen anzuwenden.

Um den umfangreichen Stoff der Programmiersprache zu vermitteln, ist es zweckmäßig, die Erörterungen wohldurchdacht zu gestalten. Eine der Möglichkeiten ist die Aufteilung der Programme in ihre Einzelheiten. Dabei zeigt sich, dass die Programme auf mehrere Grundvorgänge, z.B. Eingeben, Verarbeiten und Ausgeben der Daten, zerlegbar sind. Es ist zweckmäßig diese Grundvorgänge für sich allein und allgemein so zu erörtern, dass sie für alle Programme gelten. Bei der späteren Darstellung der einzelnen Programme braucht man sich nur auf diese schon besprochene Grundvorgänge beziehen, was zu einer kurzen und übersichtlichen Behandlung der einzelnen Programme führt. Unter Beachtung dieser Gesichtspunkte wurde versucht, die Programme übersichtlich darzustellen.

Es stellt sich die berechtigte Frage, warum überhaupt programmieren, was bringt das? Programmieren ist nach Prof. Wirth die beste Denkschulung (im Kopf beginnt die Zukunft), man kann mit eigenen Programmen simulieren statt probiern und neue Wege gehen, d.h. innovativer werden. Für den Erfolg einer Programmiersprache muss nicht die Technologie im Vordergrund stehen, sondern der effiziente Zugang zu den Anwendern. Dadurch entstehen Arbeitsplätze in der Ausbildung, Informatik und im Dienstleistungssektor.

Viele Menschen haben keine Ahnung, welche Möglichkeiten in ihnen schlummern. Versuchen wir sie zu entwickeln, dann stoßen wir auf unerwartete Kräfte. Erst wenn wir Gebrauch von diesen verborgenen Quellen machen, bringen wir unsere Fähigkeiten zur ganzen Entfaltung und können das Leben besser meistern. Je mehr wir sie entwickeln, umso leichter werden wir auch mit extrem schwierigen Umständen und Situationen fertig, um dadurch unsere Talente - durch Gebrauch - zu stärken. Aus dieser richtigen Haltung heraus werden Geist und Wille offen für das Einströmen neuer Kräfte. Gleichzeitig schließen sich die Tore vor Angst und anderen negativen Einflüssen. Erst unser Denken macht uns so. Das Glück wird von unserem Denken bestimmt. Eigenes Schaffen bewirkt, welchen Verlauf unser Leben nimmt. Die Ereignisse sind von unserer Überzeugung abhängig.

Denn man kann sich zu Lebensumständen positiv oder negativ einstellen, kann Gutes oder Böses erwarten. Jeder findet im Leben das, was er sucht. Der Pessimist findet stets irgendeinen Grund zum Klagen. Der Optimist dagegen sieht überall Möglichkeiten.

Wir möchten an dieser Stelle dem Verlag und insbesondere Herrn Dr. R. Klockenbusch und Frau N. Vogler-Boecker für die tatkräftige Unterstützung bei der Realisation dieses Werkes danken.

Zürich, Mai 1999

Marais J.L., Marincek B. und Zeller E.

Inhaltsverzeichnis

Vorwort V

Inhaltsverzeichnis VII

1 Einleitung 1

2 Computer 5

3 OBERON-System 8
   3.1. Vorteile von Oberen 8
   3.2. OBERON-System3 installieren 9
   3.3. OBERON-System3 Arbeitsfläche 10

4 Grundelemente der OBERON-Programme 11
   4.1. Einleitung 11
   4.2. Daten: Variablen und Datentypen 12
   4.3. Anweisungen 14
       - Elementare Anweisungen (Programm-Kern) . 14
       - Eingabe-Anweisungen (*Eingabe*) 14
       - Zuweisung-Anweisungen(*Verarbeitung*) 15
       - Ausgabe-Anweisungen (*Ausgabe*) 15
       - Formatierung 15
   4.4. Strukturierte Anweisungen 16
       - Übersicht 16
       - REPEAT-Anweisung 16
       - WHILE-Anweisung 16
       - FOR-Anweisung 16
       - IF-Anweisung 17

5 OBERON-Programmieren 18
   5.1. Einleitung 18
   5.2. OBERON-Programmierung für Anfänger 19
   5.3. Fehlerfreie OBERON-Programme 21

6 Beispiele einfacher OBERON-Programme 22
   6.1. Einleitung 22
   6.2. Verzeichnis einfacher Programme 24
   6.3. Beispiele einfacher OBERON-Programme (1-29) 25

7	**Textverarbeitung**...	**62**
	7.1. Einleitung..	62
	7.2. Verzeichnis der Beispiele...................................	63
	7.3. Beispiele einfacher Textverarbeitungen (1-3)..	64
8	**OBERON-Graphik**..	**67**
	8.1. Einleitung..	67
	8.2. Graphik-Programmieren.....................................	68
	8.3. Verzeichnis der Graphik-Programme...............	70
	8.4. Beispiele einfacher Graphik-Programme(1-36)	72
9	**Bezugsquelle von OBERON-System3**...................	**170**
10	**Schrifttum und Tabellen**..	**171**
11	**Stichwortregister**...	**183**

1 Einleitung

> Was man nicht versteht, besitzt man nicht (J.W.Goethe)
> Wenn einer jeden Tag versucht, ein ganz kleines bisschen der Geheimnisse zu verstehen, ist's genug. Wenn er seine heilige Neugier verliert, ist er verloren. (A. Einstein)

Heute ist der Umgang mit dem Computer die vierte Kulturfähigkeit, nach dem Schreiben, Lesen und Rechnen. Heute gibt es vier Arten von Analphabeten, die des Schreibens, Lesens, Rechnens und Computer-Beherrschens. Der Umgang mit dem Computer ist ein wesentlicher Teil der Basis-Qualifikation. Der Berufstätige benötigt in der Zukunft alle diese Basis-Qualifikationen.

Wir leben im Zeitalter der Informatik-Technologie. Ist diese auch optimal ermittelt oder sind schwache Stellen vorhanden? Darüber soll hier die Rede sein! Informatik-Technologie umfasst drei Bereiche: Hardware (alles, was man anfassen kann), Software (Ablaufprogramme nach denen ein Computer arbeitet) und Anwendungs-Unterstützung (z.B. als Bedienungs-Anleitung) für beide Bereiche. Leider ist letzt Genanntes manchmal von einer Qualität, die der Informatik keine Ehre macht. So sind die Hardware-Handbücher, Software- und Programmiersprache-Beschreibungen und Anleitungen vielmals sehr umfangreich und kompliziert. Für Anfänger sind sie aus diesen Gründen manchmal schwer verständlich und mühevoll zu benutzen. Weil die Vielzahl der Programmiersprachen-Interessenten Nichtfachleute

1 Einleitung

sind, müssten die Anleitungen für diese gut verständlich sein. Solche Anleitungen sollen kurz, klar, leicht verständlich, übersichtlich, anregend und interessant sein, was auch für die Programmiersprachen-Schriften gelten soll. Um das optimal zu erreichen, wird u.a. in dieser Schrift die neue OBERON-System3-Programmiersprache, die sehr benützerfreundlich ist und viele Vorteile bringt, besprochen.

Die Grenzen der Verbreitung der Informatik-Technologie liegen nicht in der Technik, d.h. in der Hard- und Software, sondern in den Anwendungs-Beschreibungen. Heute wird viel von der "Benutzerfreundlichkeit" gesprochen. Dazu gehört, dass die Aneignung der Anwendungkenntnisse schnell und leicht erlernbar ist.

Das Ziel dieser Schrift ist die OBERON-Programmier-Kenntnisse so zu vermitteln, dass der Leser schnell in der Lage ist, selbst einfache Programme zu schreiben, wodurch auch sein logisches Denkvermögen und die Problemlösungsfähigkeit, als Beitrag zur Allgemeinbildung, geschult werden. Weil beim Programmieren der Teufel im Detail sitzt [1], muss man in dieser Einführung auch die notwendigen Details erörtern.

Man soll nie aufhören zu suchen und zu fragen, bis man entdeckt, wie sich alles im Leben entfaltet und verwirklicht. Dann enthält das lebenslange Lernen einen sinnvollen zusätzlichen Inhalt. Das primäre Produkt der Weiterbildung ist selbst bedeutsame Fragen zu stellen. Bedeutsames vom Unbedeutsamen zu unterscheiden und bedeutsame weiterführende Fragen zu erörtern. Was einmal untersucht und entwickelt ist, erscheint bald als selbstverständlich. Das wichtige Produkt der Schule sollten nicht die Zeugnisse, sondern die Lernerfahrung der Schüler sein.

1 Einleitung

Diese Schrift umfasst vor allem die Einführung in die einfachen OBERON-Programme. Ihre Absicht ist, durch leicht und schnell erlernbare, in der Arbeit gezeigte einfache Programme möglichst schnell zur Selbstprogrammierung zu kommen.

Warum noch ein OBERON-Buch, nachdem schon viele vorliegen? Weil OBERON die interessanteste und zukunftweisende Programmiersprache und deshalb die beste Grundlage für diejenigen ist, die selbst programmieren wollen. Die Schrift ist kurz und auf das Wesentlichste, was für einfache Programme nötig ist, beschränkt. Für diejenigen, die sich vertiefen wollen, stehen zahlreiche andere OBERON-Bücher zur Verfügung. Es ist richtig, dass uns der Computer mit Programmen bei der Lösung von Problemen, beim Messen und Steuern viele Vorteile bringt. Doch das Denken nimmt er uns nicht ab.

Wir müssen die Ziele optimal definieren, was Erfahrung, Weitsicht und berufliches Wissen bedarf. Ziele setzen und sie durch Eigenprogramme realisieren, heißt für die Aufgabe kompetent zu sein. Man muss selbst über das Können verfügen, um Gedankengänge in ein Computerprogramm umzufunktionieren. Was uns der Computer an Vereinfachungen und Freisetzung von Routinearbeit bringt, fordert ein breites Wissen über das Programmieren. Schwierigkeiten? Im Gegenteil! Der gekonnte Umgang mit Informatik-Medien bringt Spannung in das Berufsleben, fördert das Verständnis für angrenzende Fachgebiete. Ziele zu setzen ist gleichbedeutend, den Trend der Zeit voll ausnützen! Und nicht zuletzt ist die Programmierung die beste Denkschulung [1,2], die zur Entwicklung unserer Denkfähigkeit und Problemlösungsfähigkeit beiträgt. Die Programmierung ist solide Schulung im exakten, abstrakten Denken und erzieht zur Exaktheit im Ausdruck; Unklarheiten, Ungenauigkeiten oder Undeutigkeiten sind ausgeschlossen. In

1 Einleitung

der Fachausbildung ist eine vertiefte Lehre in Programmieren notwendig, weil Prgramme formale Texte darstellen und aus Gedankengängen ausgehen.

Die vorliegende Schrift hat zur Aufgabe über OBERON-Programmieren optimal und leicht erlernbar in möglichst kurzer Form zu orientieren. Sie hat folgende Abschnitte:

(1) Anfang (Abschnitte bis und mit 3),

(2). Grundlagen der OBERON-System3-Programme (Abschnitt 4),

(3) Anleitung zum OBERON-Programmieren (Abschnitt 5) und Beispiele einfacher OBERON-Programme (Abschnitte 6 und 7),

(4) Graphik-Programmieren im Abschnitt 8 sowie

(5) Tabellen im Abschnitt 10, mit Informationen über genauen Einsatz der für Programme nützlichen OBERON-Befehle.

2 Computer

Die Voraussetzung für den heutigen Computer war der im Jahre 1947 erfundene Transistor (ein Mikroschalter), der das Tor zu den heutigen Computern öffnete. Die auf Halbleitern aufgebauten Transistoren wurden immer kleiner und widerstandsfähiger. Eine weitere Computer-Erfindung war 1958 der "integrierte Schaltkreis". Mitte der Siebzigerjahre gelang es einen hochintegrierten Schaltkreis, der programmiert werden kann, zu bauen. Der aus Rechenwerk, Steuerwerk und internem Speicher bestehende, im Binärsystem arbeitende Mikroprozessor, das Herz und Gehirn des Computers, wurde geboren. An Rechnern wurde bereits Ende der Dreißigerjahre gearbeitet. Bereits im Jahre 1939 war in den USA eine im Binärsystem arbeitende Vorrichtung mit Elektronenröhren als Schaltelementen im Einsatz.

Der Computer ist ein Datenverarbeitungsgerät, das die Daten aufnehmen, sie verarbeiten und als Ergebnis ausgeben kann. Man kann ihn für die Lösung von Problemen oder Aufgaben einsetzen. Weiter ist der heutige Computer auch eine praktische Schreibmaschine, Rechner usw. Weil der Computer ein Gerät zur Speicherung, Verarbeitung und Ausgabe von Daten bzw. Informationen ist, hat er zwei wesentliche Komponenten: den Speicher, der Daten in codierter Form (sowohl die zu bearbeitende Daten als auch das zu befolgende Programm) enthält. Weiter den Mikroprozessor, wo addiert, multipliziert und verglichen wird und wo die Daten aus dem Speicher gelesen und in ihn zurückgegeben werden. Es war die geniale und heute beinahe trivial anmutende Idee von John von Neumann bereits im Jahre 1940, das Programm ebenfalls im Speicher unterzubringen. Auf dieser Idee beruhen auch die modernen

2 Computer

Computer. Ihre Fähigkeit große Mengen von Informationen zu speichern und wieder zugänglich zu machen, spielt die entscheidende Rolle. Ist die Ausführung eines Programms beendet, so kann ein neues Programm aufgenommen werden (Flexibilität).

Jedes Programm ist eine Folge von Zahlen (0 und 1), d.h. in binärer Form. Diese beide Ziffern werden Bit genannt. Wie werden aber die vielen Zahlen, Zeichen und Buchstaben im Binärsystem dargestellt? Um alle zu erfassen arbeitet man mit mehreren Bit, z.B. 8, wobei 8 Bit = 1 Byte ist. Weiter ist 1 Kilobyte = 1 kB = 1024 Byte. Mit 8 Bit kommt man zu 128 darstellbaren Zeichen, die im international gültigen ASCII-Code festgelegt sind (z.b. dezimale Darstellung 107, binäre Darstellung 1101011, entsprechend für 21 ist 10101). Der nur im Binärsystem arbeitende Computer übersetzt das OBERON-Programm zuerst ins Binärsystem, was "compilieren" heißt. Der Compiler erstellt schnelllaufende binäre Programme, die jedoch nach jeder Änderung neu zu "compilieren" sind.

Der Computer besteht aus mehreren Einheiten. Mit der Eingabeeinheit (z.B. Tastatur) werden Daten usw. eingegeben. Sie werden in der Zentraleinheit (Mikroprozessor), die aus Rechenwerk, Steuerwerk und internem Speicher besteht, verarbeitet; und aus der Ausgabeeinheit, wie Bildschirm, Drucker, wo die Ergebnisse festgehalten werden. Alle Geräte, die am Computer angeschlossen sind, bezeichnet man als "Peripherie". Sie sind über die sog. Schnittstellen angeschlossen (wie Maus, externe Speicher (z.B. 3 1/2" Diskettenlaufwerk), Drucker usw.)

Der Computer ist nach Prof. Wirth [2] ein Gerät bzw. Automat, der Prozesse nach genau vorgeschriebenen Verhaltenmaßregeln ausführt und ein beschränktes Repertoire von Befehlen, die die Programmiersprache ausmachen, besitzt, die er verstehen und befolgen kann. Er führt diese mit enormer Geschwindigkeit und Zuverlässigkeit aus. Das Programmieren ist die Tätigkeit, die solche Befehlsfolgen verwirklicht. Die Programmiersprache soll in den Hintergrund treten, weil sie nur ein Werkzeug, aber nicht der Endzweck ist. Die Hauptaufgabe beim Programmieren ist es, eine Verarbeitungsvorschrift so zu konzipieren, dass der Computer diese verarbeiten kann.

Bekanntlich hat der Computer vieles einfacher und bequemer gemacht, aber die Möglichkeiten für weitere Verbesserungen sind noch viele, sehr viele. Mit der Leistungssteigerung des Computers ist es nicht getan. Entscheidend ist es, die Datenverarbeitung effizienter und vor allem benutzerfreundlicher, leichter und schneller erlernbar zu machen, was eines der Hauptziele dieser Schrift ist. Eine entscheidende Neuigkeit war die von Apple eingeführte graphische Benutzeroberfläche mit graphischen Symbolen und Befehlen auf dem Bildschirm, die der Benutzer manipulieren oder auswählen kann. Diese Arbeitsweise hat sich so bewährt, dass man sie heute praktisch an jedem Computer trifft.

3 OBERON-System

3.1 Vorteile von OBERON

Welche sind die Vorteile von OBERON? Nach Wirth [2] ist OBERON "das neue Pascal", auf wenigen aber fundamentalen Konzepten aufgebaut. Es ist streng strukturiert und kann auf modernen Computern effizient implementiert werden. OBERON ist eine Programmiersprache und ein Betriebssystem. OBERON unterscheidet sich von den anderen Programmiersprachen in der Klarheit des Aufbaus und in der Beschränkung auf das Wesentliche. Deshalb ist Oberon die Programmiersprache der Zukunft. OBERON ist eine strukturierte und modulare Programmierung, die objektorientiertes Programmieren unterstützt.

Das hier verwendete OBERON-System3 ist ein neues OBERON-System, das besonders benutzerfreundlich ist, und sowohl mit MS-DOS (z.B. beim IBM-Computer) als auch mit Macintosh Computern arbeitet und mehrere Vorteile hat. So werden die beim Compilieren, bei der Programm-Kontrolle, festgestellten Fehler im Programm angezeigt, die so leicht entfernbar sind. Weiter erscheint das Programm-Ergebnis auf der linken Seite, unterhalb des Programmes. Auch die Graphik-Anwendung ist mit diesem System durchführbar.

Diese Einführung in das OBERON-Programmieren richtet sich an Anfänger und an alle, die am Arbeiten mit der neuesten Programmiersprache OBERON Interesse haben und an optimaler Denkschulung interessiert sind. Das Ziel die-ser Arbeit ist es, Kenntnisse so zu vermitteln, dass der Leser in der Lage ist selbst Programme anzufertigen, wo-

3 OBERON-System

bei sein logisches Denkvermögen und seine Problemlösungsfähigkeit als Beitrag zur Allgemeinbildung geschult werden.

Für den Erfolg einer Programmiersprache muss nicht die Technologie im Vordergrund stehen, sondern der effiziente Zugang zu den interessierten Anwendern. Dabei ist das Werkzeug (OBERON-Programm) nur soviel wert, wie man es zu nutzen versteht.

<u>Maus.</u> Für das Programmieren mit OBERON braucht man beim MS-DOS-Computer eine Maus mit drei Tasten:

(1) die linke Taste (ML): die sog. Positionsanzeige-Taste (mit Caret Zeichen),

(2) die mittlere (MM): die Befehlsausführung-Taste und

(3) die rechte (MR): die Selektions-Taste, mit der durch ziehen nach rechts der Text überstrichen bzw. überdeckt wird.

3.2 OBERON-System3 installieren

Um mit Oberon zu arbeiten ist es nötig, zuerst das OBERON -System in den Computer, d.h. dessen Harddisk zu laden. Wie man zum OBERON-System3 kommt und das macht, ist unter "9 Bezugsquelle von OBERON-System3", (siehe Seite 170) beschrieben. Entsprechend dieser Anleitung kann man das OBERON-System3 kostenlos über Internet mit Programmen aus dem Buch nach der dortigen Anleitung beziehen.

Ist "OBERON-System3" auf dem Computer bereits installiert, dann erscheint nach Einschalten auf dem Bildschirm der OBERON-Zeichen. Wird dieses aktiviert, dann erscheint auf dem Bildschirm die OBERON-System3-Arbeitsfläche. Aktivieren bedeutet, dass man mit dem Cursor auf das Zeichen geht und die (MM)-Maustaste (bei PC) bzw. (ctrl)-Taste (bei Macintosh)) drückt, worauf auf dem Bildschirm die OBERON-System3-Arbeitsfläche erscheint. Jetzt kann man mit OBERON arbeiten.

3.3 OBERON-System3-Arbeitsfläche

Das Oberon-System3 ist auf dem Bildschirm durch zwei senkrechte Linien zuerst in zwei Flächen aufgeteilt:
- links (Tabelle 1) ist die Arbeits-Fläche ("User-Track"), die für das Programm oder OBERON-Programm-Muster verfügbar ist. Sie hat oben einen schwarzen Balken mit verschiedenen Befehlsmöglichkeiten: [Edit], [Compile], [Run] und [Help], die mit (MM) bzw. [ctrl] aktivierbar sind.
- rechts (Tabelle 2) ist die System-Fläche ("System-Track"), die zweiteilig ist, oben mit OBERON-System3-Daten und unten mit OBERON-System3-Befehlen OSB (das Arbeiten mit OSB siehe Tabelle 7).

Wie man arbeitet, um OBERON-Programme zu erstellen, ist für gewöhnliche Programme bei 5.2. und 5.3. und für Graphik-Programme bei 8.2. beschrieben.

4 Grundelemente der OBERON-Programme

4.1 Einleitung

Weil der Computer ein Datenverarbeitungsgerät ist, kann man damit datenverarbeitende Programme, um z.B. ein Problem oder eine Aufgabe zu lösen, anfertigen. Deshalb ist beim Programmieren die Datenverarbeitung, d.h. Aufnahme, Verarbeitung und Ausgabe der Daten, das Wichtigste und für das Programmergebnis ausschlaggebend. Von Interesse sind die Datentypen und Datenarten sowie ele-mentare und strukturierte Anweisungen.

Das OBERON-Programm besteht aus dem Eingabe-, Verarbeitungs- und Ausgabe-Teil. Der erste ist die eigentliche Programmeinführung, der zweite das wesentliche Herz des Programmes. Und was ist das Wesen eines jeden und so auch des OBERON-Programmes? Die Datenverarbeitung, d.h. die Aufnahme der eingegebenen Daten (wäh-rend der Eingabe), ihre Verarbeitung und ihre Ausgabe als Ergebnis. Dabei sind drei Fragen entscheidend: (1) was will ich erreichen, (2) was muss ich tun, um das Problem bzw. die Frage zu lösen (wobei die Aufteilung in Teilprobleme nützlich und durch Analyse möglich ist, um zum Entwurf bzw. Plan zu kommen) und (3) wie kann ich diesen Plan in ein OBERON-Programm umsetzen.

Ein OBERON-Programm besteht aus einer oder mehreren PROCEDUREN (ohne PROCEDUREN kein OBERON-Programm). Die PROCEDURE besteht aus zwei Teilen: Dem PROCEDURE-Kopf, der den Namen enthält und dem PROCEDURE-Körper, der der Verarbeitung dient.

4 Grundelemente der OBERON-Programme

4.2 Daten: Variablen und Datentypen

Das Programm besteht aus der Verarbeitung von Daten. Welche Daten (Arten und Typen) sind für die OBERON-Programmierung erforderlich? Was sind Variablen? Anstelle von Zahlen werden im Programm variable Größen, Variablen genannt, eingesetzt, denen konkrete Werte zugewiesen werden. Diese Wertzuweisung der Variablen ist die fundamentalste Handlung beim Programmieren, die durch Computer-Prozessor ausgeführt wird. Eine Variable kann jederzeit gelesen, gewischt und überschrieben werden, z.B. mit v := w.

Variablen sind Daten, die im Programm verwendet und verändert werden. Es gibt zwei Arten von numerischen Variablen: einfache Variablen ohne Index und Array-Variablen mit Index.

Vereinbarung der Variablen und Konstanten: In OBERON-Programmen müssen alle dort verwendeten Daten vor ihrer Benutzung, sei es als Variable oder Konstante, deklariert werden. Diese Vereinbarung ordnet den Variablen auch einen Typ zu. Diese Zuordnung ist unveränderlich und bleibt bis Ende der Prozedur erhalten.

Einfache Variablen: Eine einfache Variable kann aus einem Buchstaben von A bis Z bestehen. Diese Variable wird im OBERON-Programm in der Variablenvereinbarung deklariert und in der Eingabe-Anweisung der Wert festgelegt. Bei OBERON-Programmierung sind folgende numerische Variablen zulässig:

-INTEGER kann ganze Zahlen annehmen, wie beim Zählen der REPEAT-, FOR- und IF-Schleifen (s. dort). So bei der Variablenvereinbarung: VAR n: INTEGER (siehe Programme Nr. 5, 8,13-18, 20-23, 27-29).

4 Grundelemente der OBERON-Programme

-REAL entspricht positiven und negativen reelen Zahlen mit einer bestimmten Genauigkeit, die im Programm bei Variablenvereinbarung (z.B.VAR a,b,c: REAL) festgelegt ist. Siehe Programme Nr. 1-7, 9-12,17-21, 25-29.

-CHAR (für Charakter). Damit werden Zeichen (wie Buchstaben bei Textverarbeitung usw.) vereinbart, z.B. VAR z: CHAR, s. Programm Nr. 12.

-BOOLEAN ist dann anwendbar, wenn Vergleiche vorliegen, wie TRUE, FALSE, SORTIERT usw. Deshalb ist eine Eingabe der BOOLEAN-Werte nicht möglich (s. Programme Nr. 23, 24).

Array-Variablen mit Index (Variablenfelder) sind hilfreich bei der Arbeit mit großen Datengruppen innerhalb eines Programms. Die Arrays werden auf ähnliche Weise als einfache Variable bezeichnet. Eine Array-Bezeichnung besteht aus einem Buchstaben von A bis Z mit daran folgendem Index (aus integren Zahlen bestehend) in Klammern. Als Index kann jede ganze Zahl zwischen 0 und 32767 Verwendung finden; der maximale Umfang eines Array wird vielmals durch die vorhandene Speicherkapazität bestimmt. Eine Array-Bezeichnung, der ein einzelner in Klammern gesetzter Index folgt, spezifiziert einen eindimensionalen Array (Vektor). Eine Array-Bezeichnung, der zwei durch ein Komma separierte und in Klammern gesetzte Indices folgen, spezifiziert einen zweidimensionalen Array (Matrix); der erste Index bezeichnet die "Zeile" im Array und der zweite die "Spalte". In dieser Schrift, die nur einfache Programme enthält, werden nur eindimensionale Arrays verwendet.

Bei vielen Aufgaben ist es notwendig ein ganzes Feld von Daten desselben Typs zu speichern. Allgemein wird ein Feld vereinbart in der Form:

4 Grundelemente der OBERON-Programme

VAR Feldname: ARRAY Konstante OF Typname
Der Datentyp ARRAY repräsentiert eine Menge von Elementen, die alle von demselben Typ sind, die Anzahl der Elemente ist fest und wird Länge des ARRAYS genannt. Das ARRAY ist ein strukturierter Datentyp. Die ARRAY-Deklaration besteht aus einer Variablen, z.B.
VAR A: ARRAY 10 OF REAL;
Für die Vereinbarung der eindimensionalen Arrays gilt folgende Regel (siehe Programm Nr. 23, 24):
VAR A: ARRAY 10 OF INTEGER; Anzahl: INTEGER.

4.3 Anweisungen

Das gesamte Programm besteht aus dem Vereinbarungs- und dem Anweisungs-Teil, dem eigentlichen Herz des Programms. Anweisungen bezeichnen Aktionen. Es gibt elementare und strukturierte Anweisungen. Elementare Anweisungen enthalten (im Gegensatz zu strukturierten) keine Teile, die selbst wieder Anweisungen sind. Strukturierte Anweisungen bestehen aus Teilen, die selbst wieder Anweisungen sind, wie bedingte Ausführung, Auswahl und Wiederholung (s. REPEAT, WHILE, FOR und IF).

-Elementare Anweisungen (Programm-Kern): Diese sind der wichtigste Teil des Programmes (siehe unter 4.1) und deshalb für die Programmerzeugung von entscheidender Bedeutung.

-Eingabe-Anweisungen (*Eingabe*): Diese bewirkt die Anweisung der Eingabedaten an eine oder mehrere Variablen, z.B.
In.Open; In.Real(a) oder In.Real(b).
Damit werden ein oder mehrere Zahlenwerte eingelesen und den einzelnen Variablen zugewiesen. Mehrere Zahlenwerte sind auch durch wiederholte Eingabe-Anweisungen einlesbar.

4 Grundelemente der OBERON-Programmierung

-Zuweisungs-Anweisung (*Verarbeitung*): Im Rahmen der Zuweisungs-Anweisung kann man einer Variablen einen Wert, z.B. einen arithmetischen Ausdruck, mit dem "Zuweisungsoperator" := geben, z.B. a := 1, a := b, a := a+b (wichtig: vor und nach dem Zuweisungsoperator muss eine Leerstelle sein!). Dadurch ist das zu lösende Problem mit den zugewiesenen Daten gelöst und die Resultatausgabe (im Rahmen der Ausgabe-Anweisungen) ausführbar. Als Operatoren wirken die Zeichen + für Addition, - für die Subtraktion, * für die Multiplikation und / für die Division; weiter DIV für ganzzahlige Division und MOD für ganzzahligen Rest.

-Ausgabe-Anweisungen (*Ausgabe*): Die Ausgabe-Anweisung bewirkt die Ausgabe z.B. auf dem Bildschirm. In den meisten Fällen besteht der Ausdruck aus einem einzigen Variablennamen, wobei der Variablentyp (Real oder String) anzugeben ist, z.B.:
 Out.String ("a+b="); Out.Real (c); Out.Ln;
Out.Ln am Ende bewirkt eine neue Zeile, z.B. bei der Ausgabe auf dem Bildschirm oder Drucker.

-Formatierung: (Gestaltung der Ausgabe). Wenn die äußere Form der Ausgaben von besonderem Interesse ist (z.B. bei Tabellen), dann ist es nötig die Zeichen zu spezifizieren. Auch bei der Zahlendarstellung ist es manchmal nötig, die Anzahl der Nachkommastellen anzugeben. Beliebige Nachkommastellen sind erzielbar durch:
 IMPORT In,Out;
 Out1.RealFix(xNEU, 5);
Ergebnis: 1.41421 (5 Nachkommazahlen). Beispiele in Programmen Nr. 20-22 und 29.

4.4 Strukturierte Anweisungen

Übersicht: Eine Berechnung bzw. Problemlösung im Rahmen des OBERON-Programms ist eine Folge von Aktionen, die hintereinander (sequentiell) erfolgen. Werden aber diese ausgewählt, wiederholt oder bedingt ausgeführt, sind sie als strukturierte Anweisungen bekannt. Einige davon sind als Wiederholungsanweisungen (wie REPEAT und WHILE) und andere als strukturierte Anweisungen (REPEAT, WHILE, FOR, IF) folgendermaßen formal definiert:

-REPEAT-Anweisung: REPEAT gehört wie WHILE zu Wiederholungsanweisungen; es hat folgende Form:
  REPEAT Anweisung (auch mehrere) UNTIL Bedingung.
Um einen Teil des Programms wiederholt auszuführen, genügt es, diese zwischen REPEAT und UNTIL einzuschließen. Im Anschluss an UNTIL steht die Bedingung, wegen der die Wiederholung abgebrochen wird. Programme mit Anwendung der REPEAT-Anweisung sind Nr. 5, 14, 15, 17, 19, 21, 24-28.

-WHILE-Anweisung: Eine andere Form der Wiederholungsanweisung ist die WHILE-Anweisung mit folgender Form:
  WHILE Bedingung DO Anweisung END.
Hier wird vor jeder Wiederholung die Bedingung überprüft und nur, wenn sie erfüllt ist, die Anweisung ein weiteres Mal ausgeführt. Programme Nr. 4, 13, 16, 29 zeigen die Anwendung der WHILE-Anweisung.

-FOR-Anweisung: Liegt die WHILE-Kontrollanweisung vor Beginn der Anweisung fest, ist die FOR-Kontrollanweisung geeigneter. Diese strukturierte Anweisung, auch Zählschleife genannt, beschreibt eine feste Anzahl von Wiederholungen einer Anweisungsfolge, während eine ganz-

4 Grundelemente der OBRON-Programmierung

zählige Kontrollvariable eine Folge von festen Werten annimmt. Die FOR-Anweisung hat folgende Form:
FOR Zählvariable:=Ausdruck TO Ausdruck DO
Anweisung END.
Die Zählvariable muss ganzzählig (d.h. als INTEGER) vereinbart werden. Die Anwendung der FOR-Anweisung zeigen die Programme Nr. 16, 22-24.

-**IF**-Anweisung: Bei einer Problemlösung oder Aufgabe kann es erforderlich sein, an einer bestimmten Stelle einen Schritt zu machen oder nicht, oder einen von zwei verschiedenen Wegen einzuschlagen. Für solche Situationen wird die IF-Anweisung benutzt. Der Ausdruck, der die Entscheidung steuert, kann zutreffen. In diesem Fall wird die erste Anweisung durchgeführt. Oder er kann nicht zutreffen, wobei dann die zweite Anweisung, wenn es eine solche gibt, durchgeführt wird. Allgemein hat die IF-Anweisung folgende Form:
IF Bedingung THEN Anwendung END oder
IF Bedingung THEN Anwendung ELSE Anwendung
END.
Ist die Bedingung erfüllt (nicht erfüllt), wird die Anweisung ausgeführt (nicht ausgeführt). In beiden Fällen wird das Programm mit der nächsten Anweisung fortgesetzt. Selbstverständlich kann auch die Ausführung einer ganzen Anweisungsfolge, die in BEGIN und END eingeschlossen ist, von der Bedingung abhängig werden. Programme Nr. 5, 12, 16, 23-28 zeigen die Anwendung der IF-Anweisung.

5 OBERON-Programmierung

5.1 Einleitung

Der Computer ist ein datenverarbeitendes Gerät, das Daten aufnimmt, sie verarbeitet und das Ergebnis ausgibt. Diese Computer-Fähigkeit kann man für die Lösung von Problemen oder Aufgaben einsetzen. Das Programm ist eine Folge von Anweisungen, die der Computer versteht. Eine Programmiersprache wie OBERON bearbeitet ein Programm in zwei Phasen. In der ersten Phase wird das Programm durch den "Compiler" in die digitale Form (die der Computer-Prozessor direkt verarbeiten kann) übersetzt und gleichzeitig die Fehlerfreiheit kontrolliert. In der zweiten Phase wird das übersetzte Programm vom Prozessor und somit vom Computer ausgeführt.

Und was ist das Wesen jeden und so auch des OBERON-Programmes? Die Datenverarbeitung, d.h. die Aufnahme der eingegebenen Daten (während der Eingabe), ihre Verarbeitung (während der Ermittlung) und ihre Ausgabe als Ergebnis (während der Ausgabe). Für den Programmierer sind drei Fragen entscheidend: (1) was will ich erreichen (Ziel), (2) was muss ich tun, um dieses Problem zu lösen (wobei die Aufteilung in Teilprobleme und durch Analyse nützlich ist, um zum Entwurf bzw. Plan zu kommen) und (3) wie kann ich diesen Plan mit OBERON-Programmierung in ein OBERON-Programm umsetzen. Jedes Programm besteht aus mehreren, eigentlich drei Teilen (siehe Programmbeispiele): Aus dem Anfang bzw. Vereinbarungsteil, dann aus dem wichtigsten Kern- und Ausführungs-Teil, dem Herz des Programmes, und aus dem Ende.

5 OBERON-Programmierung

Und wie geht die Programmausarbeitung vor sich? Zuerst ist es erforderlich, das zu lösende Problem genau zu erfassen, um es zu verstehen. Es folgt das Suchen und Finden der Lösung mit ihrer Verwirklichung unter Beachtung der OBERON-Progammier-Regeln zum Programmentwurf, der eingetippt wird. Dann kommt die Programmkontrolle durch den Compiler. Sie zeigt, ob die Programmierregeln genau befolgt sind. Werden Fehler angezeigt, sind diese zuerst zu korrigieren. Es ist empfehlenswert, dass der Programmentwurf fehlerfrei ist, was bei genauer Beachtung der Programmierregeln (siehe Tabelle 3, OBERON-System3-Programm-Muster (OSPM) gewöhnlicher Programme, hinten) der Fall ist. So wird das OBERON-Programmieren ein Vergnügen, was das Ziel sein soll.

5.2 OBERON-Programmierung für Anfänger

Vor dem Programmieren ist es erforderlich, dass das OBERON-System im Computer installiert ist, um damit arbeiten zu können. Um mit dem OBERON-Programm ein Problem bzw. eine Aufgabe zu lösen, ist es z.B. zweckmäßig, entsprechend der Lösung mathematischer Probleme [4] nach einem Plan vorzugehen: Zuerst muss man die Programm-Aufgabe bzw. das Problem (und Ziel) erfassen. Am besten schreibt man die Aufgabe mit allen Einzelheiten (inkl. Ausgabeform) auf. Es folgt das Suchen der Problemlösungs-Beziehungen. Dabei ist die Aufteilung in Teilaufgaben und Analyse der Problemlösung nützlich (Ausdenken eines Planes, d.h. Suchen der Lösung). Jetzt kann man das Programm, besonders seinen Kern (Aufnahme, Verarbeitung und Ausgabe) schriftlich zum Entwurf gestalten. Es folgt die Kontrolle, ob alles richtig ist, d.h. ob der Entwurf den OBERON-Programmierregeln genau entspricht. Dabei soll der Programmentwurf genau den OBERON-Programmregeln entsprechen. Bereits kleinste

5 OBERON-Programmierung

Unterschiede, wie das Fehlen eines Punktes usw. führen zur Fehlermeldung. Deshalb ist es wichtig, sich diese Regeln anzueignen und sie genau anzuwenden. Nun ist der Programmentwurf in den linken Bildschirmteil mit MODULE-Name einzugeben. Darauf ist es zu korrigieren, um etwaige Fehler zu beseitigen.

Jetzt muss es kontrolliert, d.h. compiliert werden, was mit Aktivieren des im Balken liegenden [Compile] erfolgt. Ist das Programm fehlerfrei, erscheint oben rechts die Meldung "compilisation successful". Ist das nicht der Fall (sind Fehler vorhanden), sind Fehler im Programm angezeigt. Werden die bezeichneten Fehler aktiviert, erscheint dabei die Lösung, die einzutippen ist. Hat man alle Fehler beseitigt, ist nochmalige Compilierung nötig, bis die Bestätigung, das Programm hat keine Fehler, d.h. die Meldung "compilisation successful" und unterhalb des Programmes x, y (x=MODULE, y= PROCEDURE) erscheint.

Das Ausführen des Programmes bzw. Anrufen der Ergebnisse erfolgt unterhalb des Programmes, nachdem dort die vielleicht erforderlichen Daten eingetippt sind, mit Aktivieren von x.y. Das Ergebnis erscheint unterhalb des Programmtextes. Damit ist die Programmierung beendet, weil die Aufgabe gelöst ist.

Es empfiehlt sich, das so erarbeitete Programm mit OSB Nr.3 zu speichern und eventuell mit dem angeschlossenen Printer nach OSB Nr. 2 ohne oder mit dem Ergebnis auszudrucken. Zuletzt kann man sich auch überlegen, ob und wie das Programm eventuell verbessert, d.h. optimiert werden kann.

5.3 Fehlerfreie OBERON-Programme

Um fehlerfreie OBERON-Programme zu bekommen, sind die OBERON-Programmier-Regeln mit Anweisungen ganz genau zu befolgen (sonst ergeben sich Fehler, z.b. wenn , statt ;) und der Programm-Entwurf vor dem Compilieren auf dem Bildschirm diesbezüglich zu kontrollieren. Weiter ist es nötig, den Programmablauf richtig zu konzipieren, d.h. logisch so aufzubauen, das man den Ablauf versteht. Insgesamt ist es notwendig, die vom Computer zu lösende Aufgabe oder das Problem durch Gedankengänge in ein Computerprogramm fehlerfrei umzufunktionieren.

Eine Erleichterung der Programmierung ist auch mit OBERON-System3-Programm-Muster OSPM (s.Tabelle 3, hinten) gegeben, das alle OBERON-Programm-Teile fehlerfrei wiedergibt. Auch kann man den eigenen Programm-Entwurf in dieses Muster eintragen, nachdem dieses auf der linken Arbeitsfläche vorliegt. Unter OSB 1 "bestehendes Programm laden" befinden sich auch die Programm-Muster und alle Programme des Buches. Um sie auf die Arbeitsfläche zu bringen, wird das Gewünschte aktiviert, worauf dieses auf der Arbeitsfläche vorliegt. In OSPM kann man den Programmentwurf eintragen oder bei genügend Erfahrung schon die Programmierung durch Eingabe direkt in OSPM durchführen. Der Vorteil dieses Arbeitens ist, dass bei genauer Beachtung der Vorlage das Programm fehlerfrei wird.

Der richtige Einsatz der für die Programme nützlichen OBERON-Befehle ist aus 8 Tabellen (hinten, Abschnitt 10, ab Seite 171) und aus Beispielen verständlich.

6 Beispiele einfacher OBERON-Programme

6.1 Einleitung

Dieser Teil umfasst verschiedene einfache OBERON-Programme (Graphik-Programme siehe hinten, 8). Das Ziel ist, anhand einfacher Beispiele die OBERON-Programmierung zu zeigen. Die folgenden OBERON-Programme sind dreiteilig aufgebaut. Im ersten Teil wird die zu lösende Aufgabe festgehalten. Es folgt das fehlerfreie Programm. Der wichtigste Programmteil, sein Kern, beginnt nach BEGIN, bis Daten eingegeben, verarbeitet und ausgegeben werden. Der letzte Teil zeigt ein oder mehrere Programm-Ergebnisse. Wie man zur Problemlösung kommt, ist vorne (siehe 5.2 und 5.3) beschrieben.

Der Leser hat die Möglichkeit nach dem Durcharbeiten der Grundelemente der OBERON-Programme, selbst die OBERON-Programme zu machen und sie mit hier vorliegenden zu vergleichen, oder mit diesen zu arbeiten. Dabei lernt er den Umgang mit OBERON-Programmen, sieht, wie Gedankengänge in ein Computer-Programm umzufunktionieren sind und wie fehlerfreie OBERON-Programme aussehen. Dabei ist das Hauptziel die OBERON-Programmierung zu lernen. Die meisten Programme haben nur eine PROCEDUR. Nur wenige, Nr. 10, 11 und 21, haben mehrere; diesen ist zu entnehmen, wie man mit mehreren Proceduren arbeitet. Bei Programmen mit mehreren Proceduren gibt es Hilfsproceduren und eine letzte aufrufende Procedur, die alle Hilfsproceduren, die für die Ausführung nötig sind, enthalten muss.

6 Beispiele einfacher OBERON-Programme

Grundsätzlich gibt es zwei Programmarten, mit Eingabe-Daten (dann im Programm oben IMPORT In;) und mit Ausgabe-Daten (dann im Programm oben IMPORT In,Out;), was auch aus Programm-Beispielen (siehe hinten) ersichtlich ist.

Als **Operatoren** werden die Zeichen + für die Addition, - für die Subtraktion, * für die Multiplikation und / für die Division verwendet.

6.2 Verzeichnis einfacher Programme

"Im folgenden Verzeichnis stehen jeweils am Ende in Klammern die entsprechenden Namen der verwandten Module."

1. Addition zweier Zahlen, einfach (Ad)
2. Addition zweier Zahlen, anders (Ad2)
3. Produkt (Produkt)
4. Summe einer Zahlenreihe (Summe)
5. Mittelwert einer Zahlenreihe (Mittel)
6. Umfang und Fläche des Kreises, einfach (Kreis)
7. Umfang und Fläche des Kreises, besser (Kreis1)
8. Division, Quotient und Rest (Division)
9. Fahrenheit in Celsius (FC)
10. Celsius in Fahrenheit und umgekehrt (CFC)
11. Celsius in Fahrenheit und umgekehrt (CFC1)
12. Celsius in Fahrenheit und umgekehrt, kurz (CFC2)
13. Größte gemeinsame Teiler (Teiler)
14. Zahl in Dezimalziffern (Dezimal)
15. Dezimalzahl in Dualzahl (Dual)
16. Kalender für einen Monat (Kalender)
17. Berechnung der n-ten Potenz (Potenz)
18. Berechnung der n-ten Potenz anders (Potenz1)
19. Quadratwurzel-Berechnung (Wurzel)
20. Quadratwurzel-Berechnung, einfach (Wurzel3)
21. Quadratwurzel der Zahlen 1 bis 10 (Wurzel4)
22. Quadratwurzel der Zahlen 1 bis 10 anders (Wurzel5)
23. Sortieren einer Zahlenreihe, steigend (Steigend)
24. Sortieren einer Zahlenreihe, sinkend (Sinkend)
25. Maximum einer Zahlenfolge (Max)
26. Maximum und Minimum der Zahlenreihe (Max.Min)
27. Statistische Bewertung der Zahlenreihe (Stat)
28. Statistische Bewertung der Zahlenreihe, einfacher (Stat1)
29. Statistische Bewertung der Zahlenreihe, anders (Stat 3)

6.3 Beispiele einfacher OBERON-Programme:

1. Programm: Addition zweier Zahlen, einfach (MODULE Ad)

<u>1. Aufgabe</u>: Berechnung der Summe aus zwei realen Zahlen. Ergebnis ausgeben als a+b=c, wobei c zu ermitteln ist.

<u>2.Programm:</u>
```
MODULE Ad;
(*Berechnung der Summe aus zwei realen Zahlen; Ergeb-
nis ausgeben als  a + b = c, wobei c zu ermitteln ist *)
IMPORT In, Out;

PROCEDURE Berechnung *;
VAR a,b,c:REAL;
BEGIN

(*Kernteil*)
    (*Eingabe der Zahlen*)
In.Open; In.Real(a); In.Real(b);
    (*Ermittlung*)
c:=a+b;

(*Ende*)
    (*Ausgabe*)
Out.String ("a+b="); Out.RealFix(c,2), Out.Ln;
    (*Programmende*)
END Berechnung;
END Ad.
```

<u>3. Ergebnis:</u>
Ad.Berechnung 5.00 7.00: a + b = 12.00
Ad.Berechnung 33.45 25.75 : a + b = 59.20

2. Programm. Addition zweier realer Zahlen, anders
 (MODULE Ad2)

1. Aufgabe: Addition zweier realer Zahlen (a+b=c) anders.
Ergebnis ausgeben als "Addition-Resultat: a(a) + b(b) = c".

2. Programm :
MODULE Ad2;
(*Addition zweier realer Zahlen ; Ergebnis als "Addition-
  Resultat:a(a) + b(b) = c"*)
IMPORT In, Out;

PROCEDURE Ber*;
VAR a,b,c: REAL;
BEGIN

(*Kernteil*)
   (*Dateneingabe*)
In.Open; In.Real (a), In.Real (b);
   (*Berechnung und Ausgabe*)
c:=a+b;
Out.String ("Addition-Resultat: a("); Out.RealFix (a,2);
Out.String (") +b (");
Out.RealFix (b,2); Out.String (") = "); Out.RealFix (c,2) ;
Out.Ln;

(*Ende*)
   (*Programmende*)
END Ber;
END Ad2.

3.Ergebnis:
Addition-Resultat: a (5.00) + b (7.00) = 12.00
Addition-Resultat: a (32.52) + b (41.35) = 73.87

6 Beispiele einfacher OBERON-Programme

3. Programm: Produkt (MODULE Produkt)

<u>1. Aufgabe</u>: Berechnung des Produktes aus zwei realen Zahlen x und y. Ergebnis ausgeben als Produkt: x*y=z.

<u>2. Programm</u>:
MODULE Product;
(* Berechnung des Produktes zweier realer Zahlen;
   Ergebnis als Produkt: x*y=z *)
IMPORT In,Out;

PROCEDURE Do*;
VAR x,y,z: REAL;
BEGIN

(*Kernteil*)
   (*Dateneingabe*)
In.Open; In.Real(x); In.Real(y);
   (*Berechnung*)
z := x*y;

(*Ende*)
   (*Ausgabe*)
Out.String (": Produkt aus"); Out.RealFix (x,2);
Out.String ("*");
Out.RealFix(y,2);Out,String("="); Out.RealFix (z,3);
Out.Ln;
   (*Programmende*)
END Do;
END Product.

<u>3. Ergebnis</u>:
   Produkt : 5.00 * 7.00 = 35.000
   Produkt : 32.55 * 41.35 = 1345.942

4. Programm: Summe einer Zahlenreihe (MODULE Summe)

1. Aufgabe. Von einer Zahlenreihe ist die Summe zu berechnen.

2. Programm:
MODULE Summe;
(*Von einer Zahlenreihe ist die Summe zu berechnen*)
IMPORT In, Out;

PROCEDURE Ber*;
VAR x,s: REAL;
BEGIN

(*Kernteil*)
  (*Dateneingabe*)
In.Open;
s:=0;
In.Real (x);
  (*Berechnung der Summe*)
WHILE In.Done DO
   s := s+x;
   In.Real (x);
END;

(*Ende*)
  (*Ergebnisausgabe*)
Out.String (": Summe = "); Out.RealFix(s,2); Out.Ln;
  (*Programmende*)
END Ber;
END Summe.

3. Ergebnis:
Summe.Ber 1 7 3 18.8
Summe = 29.80

6 Beispiele einfacher OBERON-Programme

5. Programm: Mittelwert einer Zahlenreihe (MODULE Mittel)

1. Aufgabe: Von einer Zahlenreihe ist der Mittelwert zu ermitteln.

2. Programm:
```
MODULE Mittel;
(* Von einer Zahlenreihe ist der Mittelwert zu ermitteln *)
 IMPORT In, Out;

PROCEDURE Ber*;
VAR x,s:REAL; n: INTEGER;
BEGIN

(* Kernteil *)
   (* Dateneingabe und Summenbildung *)
s:=0; n:=0;
In.Open;
REPEAT
   In.Real(x);
     IF In.Done THEN s := s+x; n := n+1   END
UNTIL ~In.Done;

(* Ende *)
   (* Ergebnisausgabe *)
Out.String(": Mittelwert = "); Out.RealFix
(s/n,2); Out.Ln
   (* Programmende *)
END Ber;
END Mittel.
```

3. Ergebnis:
Mittel.Ber 2 3 1 7: Mittelwert = 3.25
Mittel.Ber 15 12 13 9: Mittelwert = 12.25

6 Beispiele einfacher OBERON-Programme

6. Programm: Umfang und Fläche des Kreises (MODULE Kreis)

1. Aufgabe: Berechnung des Umfanges U und der Fläche F verschiedener Kreise mit Radius R

2. Programm:
```
MODULE Kreis;
(* Berechnung des Umfanges U und der Fläche F in Abhän-
   gigkeit vom Radius R*)
IMPORT In,Out;

PROCEDURE Kreisberechnung*;
CONST PI=3.1415926;
VAR U, F, R: REAL;
BEGIN

(* Kernteil *)
   (* Dateneingabe *)
In.Open; In.Real(R);
   (* Berechnung *)
U := 2*R*PI;
F := R*R*PI;

(* Ende *)
   (* Ergebnisausgabe *)
Out.String (" Ergebnis: Bei Radius R ="); Out.RealFix(R,2);
Out.String (" ist der Umfang U = "); Out.RealFix (U,2);
Out,String(" und die Fläche F = "); Out.RealFix(F,2);Out.Ln;
   (* Programmende *)
END Kreisberechnung;
END Kreis.
```

3. Ergebnis:
Ergebnis: Bei Radius R = 5.90 ist der Umfang U= 37.07
          und die Fläche f = 109.36
Ergebnis: Bei Radius R= 1.50 ist der Umfang U = 9.42
          und die Fläche f = 7.07

6 Beispiele einfacher OBERON-Programme

7. Programm: Umfang und Fläche des Kreises, besser
(MODULE Kreis1)

1. Aufgabe: Berechnung des Umfanges U und der Fläche
F in Abhängigkeit vom Radius R.

2. Programm:
MODULE Kreis1;
(* Berechnung des Umfanges U und der Fläche F in
Abhängigkeit vom Radius R; Ergebnis: Bei R= ist U=
und F= *)
IMPORT In,Out;

PROCEDURE Ber*;
CONST PI=3.1415926;
VAR R, U, F : REAL;
BEGIN

(* Kernteil *)
 (* Dateneingabe *)
In.Open; In.Real(R);
 (* Berechnung *)
U := 2*R*PI; (* Umfang *)
F := R*R*PI; (* Fläche *)

(* Ende *)
 (* Ergebnisausgabe *)
Out.String (": Bei R ="); Out.RealFix(r,2);
Out.String (" ist U = "); Out.RealFix (U,2);
Out,String (" und F = "); Out.RealFix(F,2);Out.Ln;
 (* Programmende *)
END Ber;
END Kreis1.

3. Ergebnis:
Bei R = 5.90 ist U = 37.07 und F = 109.36
Bei R = 1.50 ist U = 9.42 und F = 7.07

8. Programm: Division, Quotient und Rest (MODULE Div1)

1. Aufgabe: Bei der Division von a durch b sind Quotient x und Rest y zu ermitteln.

2. Programm:
MODULE Div1;
(* Bei der Division von a durch b sind Quotient x und Rest y
 zu ermitteln *)
IMPORT In,Out;

PROCEDURE Ber *;
VAR a,b,x, y: INTEGER;
BEGIN

(* Kernteil *)
   (* Dateneingabe *)
In.Open; In.Int(a); In.Int(b);
   (* Ernittlung *)
x := a DIV b;
y := a MOD b;

(* Ende *)
   (* Ergebnisausgabe *)
Out.String (": Bei Division von "); Out.In (a,0);
Out.String ("durch");Out.In(b,0);
Out.String (" ist Quotient");Out.Int(x,0);
Out.String("und Rest");Out.Int(y,0); Out.Ln;
   (* Programmende *)
END Ber;
END Div1.

3. Ergebnis:
Bei Division von 17 durch 5 ist Quotient 3 und Rest 2
Bei Division von 34 durch 5 ist Quotient 6 und Rest 4

6 Beispiele einfacher OBERON-Programme

9. Programm: Umrechnung Fahrenheit in Celsius
(MODULE FC)

1. Aufgabe: Umrechnung der Grad-Fahrenheit (F) in Grad-Celsius (C), d.h. F in C. (mit der Gleichung C=5*(F-32)/9)); Ergebnis als: f Grad F = c Grad C.

2. Programm:
MODULE FC;
(* Umrechnung der Grad-Fahrenheit (F) in Grad-Celsius (C);
Ergebnis als: f Grad F = c Grad C *).
IMPORT In, Out;

PROCEDURE Ber*;
VAR c;f:REAL;
BEGIN

(* Kernteil*)
    (* Dateneingabe *)
In.Open, In.Real (f);
    (*Ermittlung und Ausgabe *)
c : = 5*(f-32)/9;
Out.Real (f,5); Out.String (" Grad F =");
Out.Real (c,5);
Out.String (" Grad C"); Out.Ln;

(*Ende*)
END Ber;
END FC.

3. Ergebnis:
FC.Ber 50.0: 50.00 Grad F = 10.00 Grad C
FC.Ber 70.0: 70.00 Grad F = 21.11 Grad C

10. Programm: Celsius in Fahrenheit und umgekehrt (MODULE CFC)

1. Aufgabe: Berechnung °F (Fahrenheit) in °C (Celsius) und umgekehrt in zwei Proceduren; Ausgabe alsc °C = f °F und umgekehrt.

2. Programm:
```
MODULE CFC;
(* Berechnung °F (Fahrenheit) in °C (Celsius) und umge-
kehrt in zwei Proceduren. Ausgabe als c °C = f °F *).
IMPORT In, Out;

PROCEDURE CelsiusTo Fahrenheit*;
VAR c, f: REAL;
BEGIN
In.Open; In.Real(c);
f := 9 * c/5 + 32;
Out.RealFix(c, 1); Out.String(" C = "); Out.RealFix(f, 2);
Out.String(" F"); Out.Ln;
END CelsiusToFahrenheit;

PROCEDURE FahrenheitToCelsius*;
VAR c, f: REAL;
BEGIN
In.Open; In.Real(f);
c := 5 * (f - 32)/ 9;
Out.RealFix(f, 1); Out.String(" F = "); Out.RealFix(c, 2);
Out.String(" C"); Out.Ln;
END FahrenheitToCelsius;
END CFC.
```

3. Ergebnis:
```
- - - Input - - -
CFC Celsius To Fahrenheit    900.0
CFC Fahrenheit To Celsius  1652.0
- - - Output - - -
900.0 C =  1652.0 F
1652.0 F =   900.0 C
```

6 Beispiele einfacher OBERON-Programme

11. Programm: Celsius in Fahrenheit und umgekehrt
(MODULE CFC1)

1. Aufgabe: Berechnung von Grad-Fahrenheit in Grad-Celsius und umgekehrt mit zwei Proceduren C-F und F-C; Ausgabe als: C-F: c C = f F und F-C: f F = c C.

2. Programm:
MODULE CFC1;
(* Berechnung von Grad-Fahrenheit in Grad-Celsius und umgekehrt mit zwei Prozeduren C-F und F-C; Ausgabe als: C-F: c C = f F und F-C: f F = c C *).
IMPORT In, Out;

PROCEDURE C-F*;
VAR c, f: REAL;
BEGIN
In.Open; In.Real (c);
f : = 9*c/5 +32;
Out.Real (c,5); Out.String (" C = "); Out.Real (f,5);
Out.String (" F "); Out.Ln;
END C-F;

PROCEDURE F-C*;
VAR c, f: REAL;
BEGIN
In.Open; In. Real (f);
c: = 5*(f-32)/9;
Out.Real (f,5); Out.String (" F = "); Out.Real (c,5);
Out.String (" C "); Out.Ln;
END F-C;
END CFC1:

3. Ergebnis:
CFC1.C-F   1000.0: 1000.00 C = 1832.00 F
CFC1.F-C   1832.0: 1832.00 F = 1000.00 C

6 Beispiele einfacher OBERON-Programme

12. Programm: Celsius in Fahrenheit und umgekehrt, kurz (MODULE CFC2)

1. Aufgabe: Temperaturumrechnung: Celsius aus Fahrenheit und umgekehrt in einer Prozedur; Ausgabe als:
C-F: c C = f F und F-C: f F = c C.

2. Programm:
MODULE CFC2;
(* Berechnung der Celsius zu Fahrenheit und umgekehrt in einer Procedur; Ausgabe als: C-F: c C = f F *)
IMPORT In, Out;

PROCEDURE Ber*;
VAR x, c, f: REAL; T,C,F: CHAR;
BEGIN
(* Kernteil *)
   (*Dateneingabe und Berechnung *)
In.Open; In.Real (x);
In.Char (T);
IF T="F" THEN c := 5*(x-32)/9;
    ELSE f := 9*x/5+32;
END;
IF T="F" THEN
Out.Real (x,0); Out.String ("Grad F ="),
Out.Real (c,0); Out.String ("Grad C!"); Out.Ln;
ELSIF T="C" THEN
Out.Real (x,0); Out.String ("Grad C=");
Out.Real (f,0); Out.String ("Grad F!"); Out.Ln;
END;
(*Ende *)
END Ber;
END CFC2.

3. Ergebnis:
CFC2.Ber 1000.0 "C": 1000.00 Grad C = 1832.00 Grad F!
CFC2.Ber 1832.0 "F": 1832.00 Grad F = 1000.00 Grad C!

13. Programm: Größte gemeinsame Teiler: (MODULE Teiler)

1. Aufgabe: Zu ermitteln ist der größte gemeinsame Teiler der Zahlen a und b .

2. Programm:
MODULE Teiler;
(* Zu ermitteln ist der größte gemeinsame Teiler der Zahlen a und b *)
IMPORT In, Out;

PROCEDURE Ber *;
VAR a, b, r: INTEGER;
BEGIN

(*Kernteil*)
   (*Eingabe und Teilausgabe*)
In.Open; In.Int(a); In.Int(b);
Out.String("Größter gemeinsamer Teiler von");
Out.Int(a,0); Out.String (" und "); Out.Int(b,0);
(* Ermittlung *)
WHILE b # 0 DO
r := a MOD b;
a := b; b := r;
END;
(* Ende *)
   (* Ausgabe *)
Out.String (" ist "); Out.Int(a,0); Out.Ln
   (* Programmende *)
END Ber;
END Teiler.

3. Ergebnis:
Teiler.Ber 900 125
Größter gemeinsamer Teiler von 900 und 125 ist 25

6 Beispiele einfacher OBERON-Ptogramme

14. Programm: Zahl in Dezimalziffern (MODULE Dezimal)

1. Aufgabe: Zerlegung einer Zahl in ihre Dezimalziffern;
Ausgabe als: Dezimalzahl = zerlegte Zahlen.

2. Programm:
MODULE Dezimal,
(* Zerlegung einer Zahl in ihre Dezimalziffern; Ausgabe als:
Dezimalzahl = zerlegte Zahlen. *)
IMPORT In,Out;

PROCEDURE Zerlegung*;
VAR z, s: INTEGER;
BEGIN

(* Kernteil *)
    (* Eingabe und Teilausgabe *)
In.Open; In.Int (z);
Out.String ("Zahl :"); Out.Int (z.5); Out.String ("=");
    (* Ermittlung *)
s;=1;
REPEAT
  s:= s*10;
UNTIL s>z;
s:=s DIV 10;
REPEAT
Out.Int (z DIV s.5);
    z:= z MOD s;
    s:= s DIV 10;
UNTIL s = 1;
Out.Int (z DIV s.5); Out.Ln;
(* Programmende *)
END Zerlegung;
END Dezimal.

3. Ergebnis:
Dezimal.Zerlegung 1234: Zahl 1234 = 1234;

15. Programm: Dezimalzahl in Dualzahl (MODULE Dual)

1. Aufgabe: Zerlegung einer Zahl in ihre Binärziffern. Ausgabe: Dezimalzahl entpricht der Dualzahl.

2. Programm:
MODULE Dual;
(*Zerlegung einer Zahl in ihre Binärziffern*)
IMPORT In, Out;

PROCEDURE Zerlegung*;
CONST BASIS = 2;
VAR z, s : INTEGER ;
BEGIN
In.Open; In.Int (z);
Out.String ("Dezimalzahl: "); Out.Int(z, 0);
Out.String ("entspricht der Dualzahl:");
s:=1;
REPEAT
   s := s*BASIS ;
UNTIL s > z ;
s := s DIV BASIS;
REPEAT
   Out.Int (z DIV s, 0);
   z := z MOD s;
   s := s DIV BASIS;
UNTIL s = 1 ;
Out.Int (z DIV s, 0) ; Out. Ln;
END Zerlegung;
END Dual.

3. Ergebnis:
Dezimalzahl: 30 entspricht der Dualzahl: 11110
Dezimalzahl: 73 entspricht der Dualzahl: 1001001
Dezimalzahl: 125 entspricht der Dualzahl: 1111101
Dezimalzahl: 1234 entspricht der Dualzahl: 10011010010

16. Programm: Kalender für einen Monat (MODULE Kalender)

1. Aufgabe: Ausdrucken eines Kalenders für einen Monat. Eingabe: am wievielten Tag der Woche beginnt der Monat (Zahl A) und wieviele Tage hat der Monat (Zahl T).

2. Programm:
```
MODULE Kalender;
(*Ausgabe eines Kalenders für einen Monat*)
IMPORT In,Fonts,Texts,Oberon;

PROCEDURE Daten*;
VAR A, T, I, J: INTEGER;
BEGIN

(*Kernteil*)
   (*DatenIngabe*)
  In.Open; In.Int (A); In.Int (T);
   (*Ergebnisausgabe und Berechnung*)
   Texts.SetFont(W, Fonts.This("Syntax10.Scn.Fnt"));
  Out.String ("Am wievielten Tag der Woche beginnt der
     Monat:");
   Texts.WriteInt(W,A,0 ); Texts.WriteLn(W);
   Texts.WriteString(W,"Wieviele Tage hat der Monat: ");
   Texts.WriteInt(W, T, 0); Texts.WriteLn(W);
    Texts.SetFont(W, Fonts.This("Courier10.Scn.Fnt"));
   FOR I:=1 TO 7 DO
     J:= I - A + 1;
      IF J>0 THEN Texts.WriteInt(W,J, 4) ELSE
         Texts.WriteString(W, "    ") END;
     J:= J + 7;
      WHILE J<=T DO
         Texts.WriteInt(W, J, 4); J:= J + 7
      END;
     Texts.WriteLn(W);
END;
   Texts.Append(Oberon.Log. W.buf)
```

6 Beispiele einfacher OBERON-Programme

(*Programmende*)
END Daten;

BEGIN
    Texts.OpenWriter(W)
END Kalender.

3. Ergebnis (16. Programm):
Kalender.Daten 3 31:
Am wievielten Tag der Woche beginnt der Monat : 3
Wieviele Tage hat der Monat : 31:

```
          6   13   20   27
          7   14   21   28
    1     8   15   22   29
    2     9   16   23   30
    3    10   17   24   31
    4    11   18   25
    5    12   19   26
```

17. Programm: Berechnung der n-ten Potenz:
(MODULE Potenz)

1. Aufgabe: Berechnung der n-ten Potenz von x; Ausgabe als: n-te Potenz von x = y.

2. Programm:
MODULE Potenz;
(*Berechnung der n-ten Potenz von x; Ausgabe als: n-te Potenz von x = y.*)
IMPORT In,Out;

PROCEDURE Ber*;
VAR x, y: REAL; n, i: INTEGER;
BEGIN

(*Kernteil*)
   (*Dateneingabe und Berechnung*)
In.Open; In.Real (x); In.Int (n);
i := n;
y := 1;
REPEAT
   i := i - 1;
   y := y * x;
UNTIL i = 0;
   (*Ausgabe*)
Out.Int (n,0); Out.String (" te Potenz von ");
Out.Real (x, 0); Out.String(" = "); Out.Real(y, 0);
Out.Ln
   (*Programmende*)
END Ber;
END Potenz.

3. Ergebnis:
Potenz.Ber 5.0 3 : 3te Potenz von 5.00 = 125.00
Potenz.Ber 25.0 2 : 2te Potenz von 25.00 = 625.00
Potenz.Ber 15.0 2 : 2te Potenz von 15.00 = 225.00
Potenz.Ber 4.0 2 : 2te Potenz von 4.00 = 16.00

18. Programm: Berechnung der n-ten Potenz anders
(MODULE Potenz1)

1. Aufgabe: Berechnung der n-ten Potenz von x, anders.

2. Programm:
```
MODULE Potenz1;
(* Berechnung der n-ten Potenz von x, anders *)
IMPORT In,Out,Math;

PROCEDURE Ber*;
VAR x, y: REAL; n, i: INTEGER;
BEGIN

(*Kernteil*)
   (*Eingabe*)
   In.Open; In.Real(x); In.Int(n);
   (*Berechnung*)
   y := Math.exp(n*Math.ln(x));

 (* Ende *)
    (* Ausgabe *)
   Out.Int(n, 0); Out.String("te Potenz von ");
   Out.RealFix(x, 1); Out.String(" = "); Out.RealFix(y, 2);
   Out.Ln
    (*Programmende*)
END Ber;
END Potenz1.
```


3. Ergebnis:
3-te Potenz von 4.0 = 64.00

19. Programm: Quadratwurzel-Berechnung (MODULE Wurzel)

1. Aufgabe: Berechnung des Quadratwurzels der eingegebenen Zahl mit der Genauigkeit Epsilon; Ausgabe: Quadratwurzel von A ist x.

2. Programm:
MODULE Wurzel:
(*Berechnung des Quadratwurzels einer Zahl mit Genauigkeit Epsilon; Ausgabe: Quadratwurzel von A ist x.*)
IMPORT In, Out;

PROCEDURE Ber*;
CONST EPSILON = E8;
VAR A, xALT, xNEU: REAL;
BEGIN
In.Open; In.Real (A);
REPEAT
In.Real(A);
xNEU:=A;
REPEAT
xALT:=xNEU;
 xNEU:=(xALT + A/xALT)/2;
UNTIL (xALT-xNEU) < EPSILON;
Out.String ("Quadratwurzel von"); Out.Real(A,0);
Out.String ("ist"); Out.Real (xNEU,0); Out.Ln;
UNTIL ~In.Done;
   (*Programmende*)
END Ber;
END Wurzel.

3. Ergebnis.
   Wurzel.Ber 2: Quadratwurzel von 2.0 ist 1.4142
   Wurzel.Ber 3: Quadratwurzel von 3.0 ist 1.7321

20. Programm: Quadratwurzel-Berechnung, einfach
(MODULE Wurzel3)

1. Aufgabe: Einfache Berechnung des Quadratwurzels einer ganzen Zahl. Ausgabe: Quadratwurzel von A ist x.

2. Programm:
```
MODULE Wurzel3;
(*Einfache Berechnung des Quadratwurzels einer ganzen
   Zahl. Ausgabe: Quadratwurzel von A ist x.*)
IMPORT In,Out,Out1,Math;

PROCEDURE Ber *;
VAR A: INTEGER; X: REAL;
BEGIN

(*Kernteil*)
   (*Eingabe und Berechnung*)
In.Open; In.Int (A);
X := Math.sqrt (A);
   (*Ausgabe*)
Out.String (" Quadratwurzel von "); Out.Int (A,0);
Out.String (" ist "), Out1.Real (X,6); Out.Ln;

(*Programmende*)
END Ber;
END Wurzel3.
```

3. Ergebnis:
Wurzel3.Ber 2. 3 7
   Quadratwurzel von 2.00 ist 1.414214
   Quadratwurzel von 3.00 ist 1.732051
   Quadratwurzel von 7.00 ist 2.64575

21. Programm: Quadrat- und Kubikwurzel der Zahlen 1 bis 10 (MODULE Wurzel4)

1. Aufgabe: Berechnung der Quadrat- und Kubikwurzeln der Zahlen 1 bis 10.

2. Programm: MODULE Wurzel4;
(*Berechnung der Quadrat- und Kubikwurzeln der Zahlen
 1 bis 10 in drei Proceduren*)
IMPORT In,Out;

PROCEDURE Quadratwurzel(A: REAL): REAL;
VAR xALT, xNEU: REAL;
BEGIN
xNEU:=A;
REPEAT
   xALT:= xNEU; xNEU:=(xALT + A/xALT)/2;
UNTIL (xALT -xNEU) < 0.0001;
END Quadratwurzel;

PROCEDURE Kubikwurzel(A: REAL): REAL;
VAR xALT, xNEU: REAL;
BEGIN
xNEU:=A;
REPEAT
   ALT:= xNEU; xNEU:= (2 * xALT + A/(xALT * xALT))/3;
UNTIL (xALT -xNEU) < 0.0001;
RETURN xNEU
END Kubikwurzel;

6 Beispiele einfacher OBERON-Programme

```
PROCEDURE Ber *;
VAR i: INTEGER;
BEGIN
FOR i := 1 TO 10 DO
    Out.Int (i , 5); Out1.Real (KWurzel (i), 5);
    Out1.Real (Kubikwurzel (i), 5); Out.Ln;
END
END Ber;
END Wurzel4.
```

<u>3. Ergebnis</u> (21. Programm) :
Wurzel4.Ber

1	1.00000	1.00000
2	1.41421	1.25992
3	1.73205	1.44225
4	2.00000	1.58740
5	2.23607	1.70998
6	2.44949	1.81712
7	2.64575	1.91293
8	2.82843	2.00000
9	3.00000	2.08008
10	3.16228	2.15443

6 Beispiele einfacher OBERON-Programme

22. Programm: Quadrat- und Kubikwurzeln der Zahlen
1 bis 10, anders (MODULE Wurzel 5)

1. Aufgabe: Berechnung der Quadrat- und Kubikwurzeln
der Zahlen 1 bis 10.

2. Programm:
MODULE Wurzel5;
(*Berechnung der Quadrat- und Kubikwurzeln der Zahlen
1 bis 10*)
IMPORT Math,In,Out;

PROCEDURE Ber*;
VAR i: INTEGER;
BEGIN
   FOR i := 1 TO 10 DO
Out.Int (i , 0); Out.RealFix (Math.sqrt (i) , 5);
Out.RealFix (Math.exp (1/3*Math.ln (i)) , 5);
   Out.Ln();
  END
END Ber;
END Wurzel5.

3. Ergebnis: Wurzel5.Ber

1	1.00000	1.00000
2	1.41421	1.25992
3	1.73205	1.44225
4	2.00000	1.58740
5	2.23607	1.70998
6	2.44949	1.81712
7	2.64575	1.91293
8	2.82843	2.00000
9	3.00000	2.08008
10	3.16228	2.15443

6 Beispiele einiger OBERON-Programme

23. Programm: Sortieren einer Zahlenreihe, steigend
(MODULE Steigend1)

1. Aufgabe: Sortieren einer Zahlenreihe, steigend; Ergebnis mit Sortiervorgang.

2. Programm:
```
MODULE Steigend1;
(* Sortieren einer Zahlenreihe, steigend; Ergebnis mit
   Sortiervorgang *)
IMPORT In,Out;

PROCEDURE Sortieren*;
VAR A: ARRAY 128 OF INTEGER; n, I, t: INTEGER;
                    SORTIERT:BOOLEAN;
BEGIN (* Eingabe *)
In.Open;
n := 0;  In.Int(A[n]);
WHILE In.Done DO
   INC(n); In.Int(A[n]}
END;
  (*Sortieren *)
REPEAT
     SORTIERT := TRUE;
     FOR i := 0 TO n-2 DO
        IF A(I)>A[I+1] THEN
           t := A[I];
           A[I] := A[I+1];
           A[I+1] := t;
           SORTIERT := FALSE
        END;
     END;
     FOR I := 0 TO n-1 DO
        Out.Int(A[I],3);
     END;
```

Out.Ln
  UNTIL SORTIERT;
END Sortieren;
END Steigend1.

3. Ergebnis (23. Programm):
Steigend1.Sortieren 30 87 85 74 99 57 43 81 27 96 68 10

30 85 74 87 57 43 81 27 96 68 10 99
30 74 85 57 43 81 27 87 68 10 96 99
30 74 57 43 61 27 85 68 10 87 96 99
30 57 43 74 27 81 68 10 85 87 96 99
30 43 57 27 74 68 10 81 85 87 96 99
30 43 27 57 68 10 74 81 85 87 96 99
30 27 43 57 10 68 74 81 85 87 96 99
27 30 43 10 57 68 74 81 85 87 96 99
27 30 10 43 57 68 74 81 85 87 96 99
27 10 30 43 57 68 74 81 85 87 96 99
10 27 30 43 57 68 74 81 85 87 96 99
10 27 30 43 57 68 74 81 85 87 96 99

6   Beispiele einfacher OBERON-Programme

24. Programm: Sortieren einer Zahlenreihe, sinkend
(MODULE Sinkend)

1. Aufgabe: Sortieren einer Zahlenreihe, sinkend; Ergebnis mit Sortiervorgang.

2. Programm:
MODULE Sinkend;
(*Sortieren einer Zahlenreihe, sinkend; Ergebnis mit Sortiervorgang*)
IMPORT In,Out;

PROCEDURE Sortieren *;
VAR A: ARRAY 10 OF INTEGER; I, t: INTEGER;
                    SORTIERT:BOOLEAN;
BEGIN (*Eingabe*)
In.Open;
FOR I := 0 TO 9 DO In.Int (A[I]);
END;
FOR I := 0 TO 9 DO Out.Int (A[I],3);
END;
Out.Ln;
REPEAT (*Sortieren*)
   SORTIERT := TRUE;
   FOR I:= 0 TO 8 DO
   IF A[I]<A[I+1] THEN
      t := A[I];
      A[I] := A[I+1];
      A[I+1] := t;
      SORTIERT := FALSE;
   END;
END;
Out.Ln;
UNTIL SORTIERT;

END Sortieren;
END Sinkend.

3. Ergebnis (24. Programm):
```
Sinkend.Sortieren  3  7  5 11  2 13 17  3 23  7
                      3  7  5 11  2 13 17  3 23  7
                         7  5 11  3 13 17  3 23  7  2
                         7 11  5 13 17  3 23  7  3  2
                        11  7 13 17  5 23  7  3  3  2
                        11 13 17  7 23  7  5  3  3  2
                        13 17 11 23  7  7  5  3  3  2
                        17 13 23 11  7  7  5  3  3  2
                        17 23 13 11  7  7  5  3  3  2
                        23 17 13 11  7  7  5  3  3  2
                        23 17 13 11  7  7  5  3  3  2
```

25. Programm: Maximum einer Zahlenfolge (MODULE Max)

1. Aufgabe: Ermittlung des Maximums einer Zahlenfolge.

2. Programm:
MODULE Max;
(*Ermittlung des Maximums einer Zahlenfolge*)
IMPORT In,Out;

PROCEDURE Ermittl*);
VAR Zahl, Max: REAL;
BEGIN
Max := MIN(REAL);
In.Open; In.Real (Zahl);
REPEAT
Out.String ("Zahl:"); Out.Real (Zahl,0); Out.Ln;
IF Zahl > Max THEN
Max := Zahl;
END;
In.Real (Zahl);
UNTIL ~In.Done;
Out.String ("Maximum ="); Out.Real (Max,0);
Out.Ln
END Ermittl;
END Max.

3. Ergebnis: Max.Ermittl 7 2 3 11 5
Zahl : 7.00
Zahl : 2.00
Zahl : 3.00
Zahl : 11.00
Zahl : 5.00
Maximum = 11.00

6 Beispiele einfacher OBERON-Programme

26. Programm: Maximum und Minimum einer Zahlenfolge (MODULE MaxMin)

<u>1. Aufgabe</u>: Ermittlung des Maximums und Minimums einer Zahlenfolge.

<u>2. Programm:</u>
```
MODULE MaxMin;
(* Ermittlung des Maximums und Minimums einer Zahlen-
    folge *)
IMPORT In, Out;

PROCEDURE Ermittl *);
VAR Zahl, Max, Min: REAL;
BEGIN
In.Open; In.Real(Zahl);
Max := MIN(REAL); Min := MAX(REAL);
REPEAT
    IF Zahl>Max THEN
    Max := Zahl
END;
IF Zahl<Min THEN
    Min := Zahl;
END;
Out.String ("Zahl: "); Out.Real (Zahl,0);Out.Ln;
In.Real (Zahl);
UNTIL ~In.Done;
Out.String ("Maximum ="); Out.Real (Zahl,0); Out.Ln;
Out.String ("Minimum ="); Out.Real (Zahl,0);
Out.Ln;
END Ermittl;
END MaxMin.
```

6   Beispiele einfacher OBERON-Programme

3. Ergebnis (26. Programm):
   MaxMin.Ermittl 3 8 5 2 1 9
           Zahl : 3.00
           Zahl : 8.00
           Zahl : 5.00
           Zahl : 2.00
           Zahl : 1.00
           Zahl : 9.00
           Maximum = 9.00
           Minimum = 1.00

6 Beispiele einfacher OBERON-Programme

27. Programm: Statistische Bewertung der Zahlenreihe
(MODULE Stat)

1. Aufgabe: Statistische Auswertung eingegebener ganzzähliger Werte (Lösung: entsprechend statistischen Regeln).

2. Programm:
MODULE Statistik;
(*Statistische Auswertung eingegebener ganzzahliger Werte*)
IMPORT In,Out,Math;

PROCEDURE Ausw *;
VAR A, N: INTEGER; G, M, V, s: REAL,
BEGIN (*Eingabe*)
M := 0; N := 0; V := 0; G := 0;
In.Open;
REPEAT
In.Int (A);
IF In.Done THEN N := N +1; G := G + A; END
IF In.Done THEN V := V + (A - G/N) * (A - G/N); END
UNTILN ~In.Done;
s := Math.sqrt (V/N);
   (*Ausgabe*)
Out.String ("Mittelwert M ="); Out.Real (G/N,0); Out.Ln;
Out.String ("Zahl der eigegebenen Werte N = ");
Out.Int (N,0); Out.Ln;
Out.String ("Varianz V ="); Out.Real (V/N,0); Out.Ln;
Out.String ("Standardabweichung s = "); Out.Real (s,0);
Out.Ln;

Out.String (" 68 %-W: "); Out.String ("unterer Wert =");
Out.Real ((G/N-s);
Out.String ("; oberer Wert ="); Out.Real ((G/N+s); Out.Ln;
Out.String (" 95 %-W: "); Out.String ("unterer Wert =");
Out.Real ((G/N-2*s);
Out.String ("; oberer Wert ="); Out.Real ((G/N+2*s);
Out.Ln;
Out.String (" 99.7 %-W: "); Out.String ("unterer Wert =");
Out.Real ((G/N-3*s);
Out.String ("; oberer Wert ="); Out.Real ((G/N+3*s);
Out.Ln;

END Ausw;
END Statistik.

3. Ergebnis :
Statistik.Ausw   244 243 231 275 264 256
Mittelwert M = 252.47
Zahl der eingegebenen Werte N = 6
Varianz V = 212.47
Standardabweichung s = 14.58
68 % W: unterer Wert = 237.59; oberer Wert = 266.74
95 % W: unterer Wert = 223.01; oberer Wert = 281.32
99.7 % W: unterer Wert = 208.44; oberer Wert = 295.90

28. Programm: Statistische Bewertung der Zahlenreihe, einfacher (MODULE Stat1)

1. Aufgabe: Statistische Auswertung beliebiger Werte, einfacher.

2. Programm:
MODULE Stat1;
(*Statistische Auswertung eingegebener Werte, einfacher*)
IMPORT In, Out, Math;

PROCEDURE Ausw *;
VAR N: INTEGER; A, G, M, V, s: REAL;
BEGIN (*Eingabe*)
M := 0; N := 0; V := 0; G := 0;
In.Open;
REPEAT
In.Real (A);
IF In.Done THEN N := N +1; G := G + A; END
IF In.Done THEN V := V + (A - G/N) * (A - G/N); END
UNTILN ~In.Done;
s := Math.sqrt (V/N);
M := G/N;
  (*Ausgabe*)
Out.String ("Mittelwert M = "); Out.Real (M,0); Out.Ln;
Out.String ("Zahl der eingegebenen Werte N = ");
Out.Int (N,0); Out.Ln;
Out.String ("Varianz V = "); Out.Real (V/N,0); Out.Ln;
Out.String ("Standardabweichung s = "); Out.Real (s,0);
Out.Ln;

Out.String (" 68 %-W: "); Out.String ("unterer Wert =");
Out.Real (M-s);
Out.String ("; oberer Wert ="); Out.Real ((M+s); Out.Ln;
Out.String (" 95 %-W: "); Out.String ("unterer Wert =");
Out.Real (M-2*s);
Out.String ("; oberer Wert ="); Out.Real ((M+2*s); Out.Ln;
Out.String (" 99.7 %-W: ");Out.String("unterer Wert =");
Out.Real (M-3*s);
Out.String ("; oberer Wert ="); Out.Real ((M+3*s); Out.Ln;
END Ausw;
END Stat1.

3. Ergebnis (28. Programm):
Stat1.Ausw   158 161 164 167 170 173 176 179 182 185
            188 191
Mittelwert M = 174.50
Zahl der eingegebenen Werte N = 12
Varianz V = 107.25
Standardabweichung s = 10.36
68 % W: unterer Wert = 164.14; oberer Wert = 184.86
95 % W: unterer Wert = 153.79; oberer Wert = 195.21
99.7 % W: unterer Wert = 143.43; oberer Wert = 205.57

29. Programm: Statistische Bewertung der Zahlenreihe,
anders (MODULE Stat3)

1. Aufgabe: Statistische Auswertung eingegebener ganzzahliger Werte, anders.

2. Programm:
MODULE Stat3;
(*Statistische Auswertung eingegebener ganzzahliger
   Werte, anders*)
 IMPORT In, Out, Out1, Math;

PROCEDURE Ausw*;
VAR N: INTEGER; A, G, M, V, s: REAL;
BEGIN
M := 0; N := 0; V := 0; G := 0;
   (*Eingabe*)
In.Open;In.Real (A);
WHILE In.Done DO
    N := N +1; G := G + A;
    In.Real (A);
END;
 In.Open;In.Real (A);
WHILE In.Done DO
    V := V + (A - G/N)*(A - G/N);
    In.Real (A);
END;
s := Math.sqrt (V/N);
M := G/N;

```
(* Ausgabe *)
Out.String ("Mittelwert M = "); Out1.Real (G/N,3); Out.Ln;
Out.String ("Zahl der eingegebenen Werte N = ");
Out.Int (N,0); Out.Ln;
Out.String ("Varianz V = "); Out1.Real (V/N,5); Out.Ln;
Out.String ("Standardabweichung s = "); Out1.Real (s,4);
Out.Ln;
Out.String (" 68 %-W: "); Out.String ("unterer Wert =");
 Out1.Real (G/N-s,3);
Out.String ("; oberer Wert ="); Out1.Real ((G/N+s,3);
Out.Ln;
Out.String (" 95 %-W: "); Out.String ("unterer Wert =");
 Out1.Real (G/N-2*s,3);
Out.String ("; oberer Wert ="); Out1.Real ((G/N+2*s,3);
Out.Ln;
Out.String (" 99.7 %-W: "); Out.String ("unterer Wert =");
Out1.Real (G/N-3*s,3);
Out.String ("; oberer Wert ="); Out1.Real ((G/N+3*s,3);
Out.Ln;
END Ausw;
END Stat3.
```

3. Ergebnis (29. Programm) :
Statistik.Ausw   244 243 231 275 264 256 ~
Mittelwert M = 252.167
Zahl der eingegebenen Werte N = 6
Varianz V = 212.47223
Standardabweichung s = 14.5764
68 % W: unterer Wert = 237.590; oberer Wert = 266.743
95 % W: unterer Wert = 223.014; oberer Wert = 281.320
99.7 % W: unterer Wert = 208.437; oberer Wert = 295.897

7 Textverarbeitung

7.1 Einleitung

Textverarbeitung (Adressenverzeichnis, Ausarbeitungen, Briefe usw.) ist kein Programm. Deshalb braucht man auch nicht zu compilieren. Weiter sind hier die OBERON-System3-Muster nicht nötig, aber OSB ist nützlich.

Und nun zur Praxis: Will man als Problemlösung von der Textverarbeitung Gebrauch machen, z.B. ein Adressenverzeichnis (s. Beispiel 1) aufstellen, dann ist zuerst die Bezeichnung dieses Textes nötig, z.B. hier "Adressen. Text". Damit wird zuerst auf der linken Bildschirmseite mit Hilfe von OSB-1 der erforderliche Platz reserviert. Dadurch erscheint dort oben der Balken, links mit dieser Bezeichnung, worauf man den Text eintippen kann. Es folgt die Kontrolle eventueller Tippfehler, worauf man den Text mit OSB-6 ausdrucken und mit OSB-7 auf Disk speichern kann, womit das Problem gelöst ist.

7.2 Verzeichnis der Beispiele
(in Klammern ihre Bezeichnung)

1. Adressen-Verzeichnis (Adressen.Text),

2. G.E. Lessings Fabel (Nachtigall.Text),

3. Gebote (Gebote.Text).

7.3 Beispiele einfacherer Textverarbeitungen

1. Beispiel: Adressen.Text.

<u>1. Aufgabe:</u> Es ist ein beliebig großes Adressen-Verzeichnis mit Tel.-Nummern aufzustellen.

<u>2. Text:</u>

Benjamin Blümchen; (06142) 2090
Frankfurterstrasse 89
<u>65479 Raunheim</u>

Hermann Löw, (01) 9202837
Bahnhofstrasse 12
<u>8708 Männedorf</u>

Alfred Mayer, (04533) 34783
Walszoo 111
<u>3456 Wasserhausen</u>

7   Beispiele einfacher Textverarbeitungen

2. Beispiel: G.E. Lessings Fabel (Nachtigall).

<u>1. Aufgabe:</u> Es ist Lessings Fabel "Die Nachtigall und der Pfau" abzuschreiben.

<u>2. Text:</u>

Die Nachtigall und der Pfau (G.E. Lessing)

Eine gesellige Nachtigall fand unter den Sängern des Waldes Neider die Menge, aber keinen Freund. Vielleicht finde ich ihn unter einer anderen Gattung, dachte sie, und flog vertraulich zu dem Pfau herab

Schöner Pfau! Ich bewundere dich. - Ich dich auch, liebliche Nachtigall! - So lass uns Freunde sein, sprach die Nachtigall weiter; wir werden uns nicht beneiden dürfen; du bist dem Auge so angenehm als ich dem Ohre.

Die Nachtigall und der Pfau wurden Freunde.

3. Beispiel: Gebote: (Gebote.Text).

1. Aufgabe: Es sind einige interessante Gebote aufzu-
schreiben.

2. Text:

GEBOTE

Phantasie ist wichtiger als Wissen. (A. Einstein)

Wenn einer jeden Tag versucht, ein ganz kleines bisschen der Geheimnisse zu verstehen, ist's genug. Wenn er seine heilige Neugier verliert, ist er verloren.   (A. Einstein)

Was man nicht versteht, besitzt man nicht.   (J. W. Goethe)

Wahres Glück ist, seinen Geist zu entwickeln. (Aristoteles)

Reichsein liegt viel mehr im Gebrauch, als im Eigentum.
(Aristoteles)

Frage nicht, was die anderen für dich tun sollen, sondern frage, was du für die anderen tun kannst. (J.F.Kennedy)

Fünf Eckpfeiler der Konfuzius-Lehre: Weisheit, Güte, Treue, Ehrfurcht und Mut.   (Konfuzius)

Gesundheit ist nicht alles, aber ohne Gesundheit ist alles nichts.   (A. Schopenhauer)

8 OBERON-Graphik

8.1 Einleitung

Gesetze und Vorgänge, die an <u>Zahlenwerte</u> gebunden sind, lassen sich am anschaulichsten <u>graphisch</u> darstellen. Die graphische Darstellung ersetzt die Zahlenwerte durch ein geometrisches Bild und bringt dadurch den Zusammenhang der Zahlen unmittelbar zur Anschauung.

Das hier angewendete OBERON-System3 ist ein neues OBERON-System, das auf jedem PC oder Macintosh läuft. Es ist benutzerfreundlich und hat einige Vorteile. So werden beim Compilieren, bei der Programm-Kontrolle, die festgestellten Fehler und die Korrektur im Programm angezeigt, wodurch sie leichter entfernbar sind. Mit diesem Sytem sind auch Graphik-Programme möglich. Wie?

Der Bildschirm umfasst 640 nutzbare Punkte (Pixel) in horizontaler (x-) Richtung und 480 nutzbare Punkte in vertikaler (y-) Richtung (s. auch Tabelle 7). Damit sind die Bildelemente (Linien, Kurven und Beschriftung) darstellbar:

Linie: Anfang (als x1y1) und Ende (als x2y2) wird festgelegt, z.B.: Graphs.Line (Graphs.black, 50,50,200,200); (gerade Linie von 50,50 bis 200,200).

Kurve: Diese besteht aus einzelnen Geraden so, dass das Ende des letzten Geradeteils den Anfang des folgen-

den Kurventeils bildet, was eine ununterbrochene Kurve ergibt.
Z.B.: Kreis zeichnen: IMPORT Math; (s.Programm 16)
  Graphs.Circle*(Graphs.black, 128,128,90),
  nach Tabelle 6: Circle*(col,x,y,r: INTEGER)

Beschriftung: Diese muss Ortsangaben in Punkten enthalten, wo sie beginnt (als x1y1) und anschliessend was die Beschriftung ist, z.B.:
  Graphs.LeftString(Graphs.black, 200,20, "Beschriftung");
Weitere Beispiele siehe in Graphik-Programmen hinten.

8.2 Graphik-Programmieren

Wie man "OBERON-System3" auf Bildschirm bringt, um Programme zu erstellen, ist vorne, Seite 9, beschrieben. Das Aussehen des Bildschirmes zeigt Tabelle 1. Die Anwendung der OBERON-System3-Befehlen (OSB) siehe Tabelle 7.

Um ein Graphik-Programm zu vewirklichen, geht man wie bei gewöhnlichen OBERON-Programmen vor (siehe vorne). Auch hier soll man zuerst die Programm-Aufgabe beziehungsweise Problem (und Ziel) erfassen. Am besten schreibt man die Aufgabe mit allen Einzelheiten (mit Ausgabeform) auf. Dann sucht man die Lösung. Als Beispiel können die in OBS vorhandenen viele Graphik-Programme dienen, die durch Anklicken von OBS: "bestehendes Programm laden" auf den Bildschirm links gebracht werden.

Liegt die Lösung vor, macht man eventuell mit Hilfe des OBERON-System3-Programmuster für Graphik-Programme (s. Tabelle 4) den Programmentwurf. Dieser wird auf die leere linke Arbeitsfläche (User-Track) mit Hilfe von OSB Nr.

1 eingetippt. Jetzt soll es zuerst kontrolliert und dann compiliert werden, was mit Aktivieren des im Balken des User-Track liegenden [Compile] erfolgt. Ist das Programm fehlerfrei, erscheint oben rechts im "System-Track" die Meldung "compilisation successful" (eventuell muss diese Meldung durch Anklicken am linken Rand bewegt und so sichtbar gemacht werden). Sind aber Fehler vorhanden, erscheint die Meldung nicht, aber im Programm werden Fehler mit Lösung angezeigt, die man eintippen soll. Hat man so alle Fehler beseitigt, ist nochmalige Compilierung nötig, bis die Bestätigung, dass das Programm keine Fehler hat, d.h. die Meldung "compilisation successful " erscheint.

Dann kann man das Programm ausführen mit anklicken des unter dem Programm liegenden MODULE-Name. Das Ergebnis, die Zeichnung, erscheint unterhalb des Programmes. Damit ist die Programmerstellung beendet.

Es empfiehlt sich, das Programm mit OSB Nr. 6 zu speichern und eventuell mit dem angeschlossenen Printer nach OSB Nr.7 ohne oder mit dem Ergebnis auszudrukken. Zuletzt kann man sich auch überlegen, ob und wie das Programm eventuell verbessert, d.h. optimiert werden kann.

Um fehlerfreie OBERON-Programme zu bekommen, sind die OBERON-Programmier-Regeln (s. Tabelle 4) ganz genau zu befolgen und der Programm-Entwurf vor compilieren auf dem Bildschirm diesbezüglich zu kontrollieren. Weiter ist es nötig den Programmablauf richtig zu konzipieren, d.h. logisch so aufzubauen, dass man den Ablauf versteht. Insgesamt ist es vorteilhaft, die vom Computer zu lösende Aufgabe oder das Problem durch Gedankengänge in ein Computerprogramm fehlerfrei umzufunktionieren.

8.3 Verzeichnis der Graphik-Programme

"Im folgenden Verzeichnis stehen jeweils am Ende in Klammern die entsprechenden Namen der verwandten Module."

1. Linie zeichnen (Linie):
2. Viereck zeichnen (Viereck):
3. Viereck zeichnen, anders (Viereck1):
4. VLinie zeichnen (VLinie):
5. Gleichzeitig Linie und Viereck (LinieViereck):
6. Koordinaten zeichnen (Koordinaten):
7. Sinus-Kurve zeichnen (Sinus):
8. Sinus-Kurve anders (Sinus1):
9. Linie, Viereck, Sinus (LinieViereckSinus).
10. Linie, Viereck, Sinus anders (LVS).
11. Kurve 1 zeichnen (Kurve1).
12. Celsius-Fahrenheit-Abhängigkeit (CFG).
13. Fahrenheit-Celsius-Abhängigkeit anders (CFGraph).
14. Stickstoff-Sauerstoff-Beziehung (NO2).
15. Stickstoff-Sauerstoff-Beziehung anders (NO3).
16. Doppel-Kreis zeichnen (Kreis)
17. Doppel-Ellipse zeichnen (EllipseG)
18. Daten-Kurve zeichnen (Daten).
19. Daten-Kurve zeichnen, anders (WiLu)
20. Daten-Kurve zeichnen, neu (WiLu1)
21. Torten-Graphik mit Winkel-Teilung (TorteG).
22. Torten-Graphik mit Winkel-Teilung, anders (TorteG1).
23. Torten-Graphik mit Prozente-Teilung (Torte 2).
24. Torten-Anwendung: Weltgussproduktion 1995, (Torte3)
25. Räuml. Tortendarstellung: Schweiz. Erwerbstätigkeit 1995 (Torte3D)

26. Räuml. Tortendarstellung: Schweiz. Erwerbstätigkeit
1995, anders (Torte3D1)
27. Räuml. Tortendarstellung: Schweiz. Erwerbstätigkeit
1996, anders (Torte6D1)
28. Balken-Diagramm-Beispiel (Balken).
29. Balken-Anwendung: Graugusserzeugung-Änderung
(Balken1)
30. Balken-Anwendung: Graugussproduktion-Änderung
anders (Balken2)
31. Balken-Anwendung: Bruttoinlandprodukt versch.
Länder (BIPG5)
32. Balken-Anwendung: Bruttoinlandprodukt versch.
Länder (BIPG2)
33. Weltgussproduktion-Kurve (NGJB)
34. Weltgussproduktion-Kurve, anders (NGJB1)
35. Zeitprogramm, einfach (Task)
36. Zeitprogramm, Anwendung (Uhr)

8.4 Beispiele einfacher Graphik-Programme

1. Graphik-Programm: Linie zeichnen (MODULE Linie)

<u>1. Aufgabe:</u> Eine Schräglinie mit Bezeichnung zeichnen.

<u>2. Programm:</u>
MODULE Linie;
(* Eine Schräglinie mit Bezeichnungen zeichnen*)
IMPORT Graphs;

PROCEDURE Zeichnen * ;
BEGIN
Graphs.New (256, 256);
Graphs.Clear (Graphs.white);

(*Kernteil*)
   (* Schräglinie zeichnen *)
Graphs.Line(Graphs.black,0,0,200,200);
   (* Bezeichnung einfügen*)
Graphs.LeftString(Graphs.black, 40,10,
            "Linksbündiger Text");
Graphs.LeftString(Graphs.black, 100, 10+20,
            "Zentrierter Text");
Graphs.LeftString(Graphs.black,200-10,10+20+20,
            "Rechtsbündiger Text");

(*Ende*)
Graphs.Show() (*Ausgabe der Ergebnisse*)
   (*Programmende*)
END Zeichnen;
END Linie.

3. Ergebnis (1. Graphik-Programm):
   Linie.Zeichnen

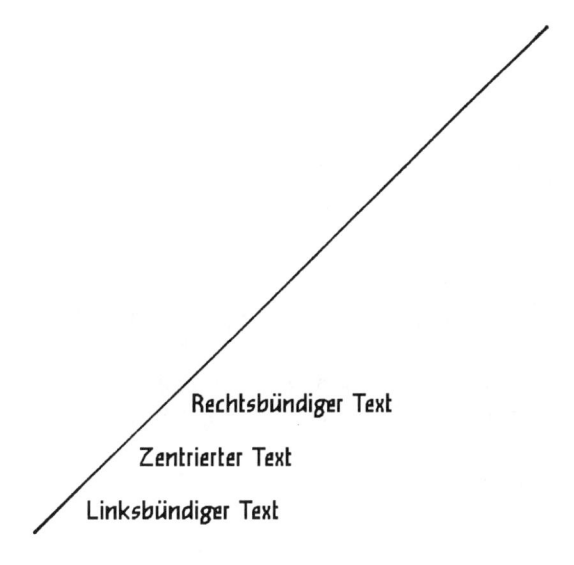

```
                                    /
                                   /
                                  /
                                 /
                                /
                               /
                              /
                             /
                            /
                           /  Rechtsbündiger Text
                          /  Zentrierter Text
                         /  Linksbündiger Text
```

2. Graphik-Programm: Viereck zeichnen (MODULE Viereck)

1. Aufgabe: Viereck mit Bezeichnung zeichnen.

2. Programm:
MODULE Viereck;
(* Viereck mit Bezeichnung zeichnen*)
IMPORT Graphs;

PROCEDURE Zeichnen*;
BEGIN
Graphs.New(256, 256);
Graphs.Clear(Graphs.white);

(*Kernteil*)
  (*Bezeichnung*)
Graphs.LeftString(Graphs.black, 70,128-20, "Viereck");
              (*Begin 70, Ende 128-20*)
    (*Viereck zeichnen (4 Seiten,Linien)*)
Graphs.Line(Graphs,black, 30,128,150,128); (*untere
                                       Waagrechte*)
Graphs.Line(Graphs,black, 150,128,150,200); (*rechte
                                        Senkrechte*)
Graphs.Line(Graphs,black, 150,200,30,299); (*obere
                                       Waagrechte*)
Graphs.Line(Graphs,black, 30,200,30,128); (* linke
                                        Senkrechte*)

(*Ende*)
Graphs,Show() (*Ausgabe*)
  (*Programmende*)
END Zeichnen;
END Viereck.

3. Ergebnis (2. Graphik-Programm):
Zeichnen.Viereck

Viereck

8 Beispiele einfacher Graphik-Programme

3. Graphik-Programm: Viereck zeichnen anders
(MODULE Viereck1)

1. Aufgabe: Viereck anders, mit Graphs.Def, zeichnen.

2. Programm:
MODULE Viereck1
(*Viereck anders, mit Graphs.Def, zeichnen*)
 IMPORT Strings, Graphs, G := Graphs;

PROCEDURE Rect*;
VAR: x, y, w, h: INTEGER; (*Viereck: x,y: unten links;
           w,h: oben rechts (Weite, Höhe)*)
BEGIN
G. New(260, 260); G. Clear(G.white);

 (*Kernteil*)
   (*Viereck zeichnen nach Graphs.Def*)
G.Rect(G.black, 40,80,70,100);
     (*Viereck beschriften*)
G.LeftString(G.black, 60, 15,"Viereck");

(*Ende*)
G.Show () (*Ausgabe*)
(*Programmende*)
END Rect;
END Viereck1.

8 Beispiele einfacher Graphik-Programme

<u>3. Ergebnis</u> (3. Graphik-Programm):
Viereck1.Rect

Viereck

4. Graphik-Programm: VLinie zeichnen (MODULE VLinie)

1. Aufgabe: Zwei Schräglinien mit Bezeichnung zeichnen.

2. Programm:
MODULE VLinie;
(* Zwei Schräglinien mit Bezeichnung*)
IMPORT Graphs;

PROCEDURE Zeichnen*;
BEGIN
Graphs.New/256, 256);
Graphs.Clear(Graphs.white);

(*Kernteil*)
   (*Schräglinie zeichnen*)
Graphs.Line(Graphs.black, 128,30,200,200);
Graphs.Line(Graphs.black, 128,30,40,236);
   (*Bezeichnung einfügen*)
Graphs.Line(Graphs.black,128-36,10,"Zwei Schräglinien");

(*Ende*)
   (*Ausgabe*)
Graphs.Show()
   (*Programmende*)
END Zeichnen;
END VLinie.

8 Beispiele einfacher Graphik-Programme

3. Ergebnis (4. Graphik-Programm):
VLinie.Zeichnen

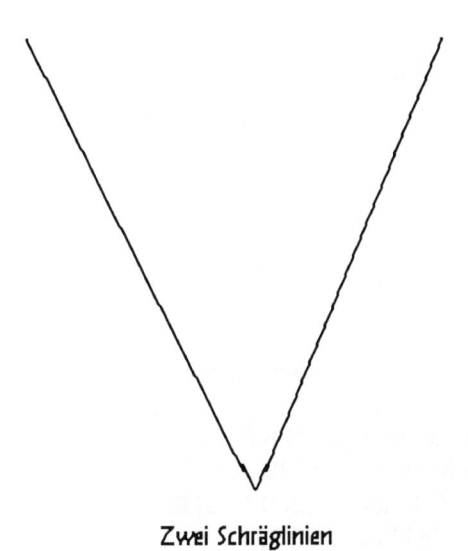

Zwei Schräglinien

8 Beispiele einfacher Graphik-Programme

5. Graphik-Programm: Gleichzeitig Linie und Viereck
(MODULE LinieViereck)

1. Aufgabe: Linie und Viereck zeichnen.

2. Programm:
MODULE LinieViereck;
(* Viereck und Schräglinie mit Beschriftung*)
IMPORT Graphs, Math, G := Graphs;

PROCEDURE Erledigen*;
BEGIN
Graphs.New(256, 256); Graphs.Clear(Graphs.white);

(*Kernteil*)
  (*Schräglinie und Viereck zeichnen*)
G.Line (G.black, 0,0,200,200); (*Schräglinie*)
G.Line (G.black, 15,128,80,128);
G.Line (G.black, 80,128,80,200);
G.Line (G.black, 80,200,15,200);
 G.Line (G.black, 15,200,15,128);
  (*Schräglinie beschriften *)
G.LeftString(G.black, 40,10,"Linksbündiger Text")
G.LeftString(G.black, 70,10+20,"Zentriertes Text")
G.LeftString(G.black, 100,10+20+20,"Rechtsbündiger
                                    Text")
  (*Beschriftung Viereck*)
G.LeftString(.black, 35,128-20,"Viereck")

(*Ende*)
  (*Ausgabe*)
Graphs.Show()
  (*Programmende*)
END Erledigen;
END LinieViereck.

8 Beispiele einfacher Graphik-Programme

<u>3. Ergebnis</u> (5. Graphik-Programm):
LinieViereck.Erledigen

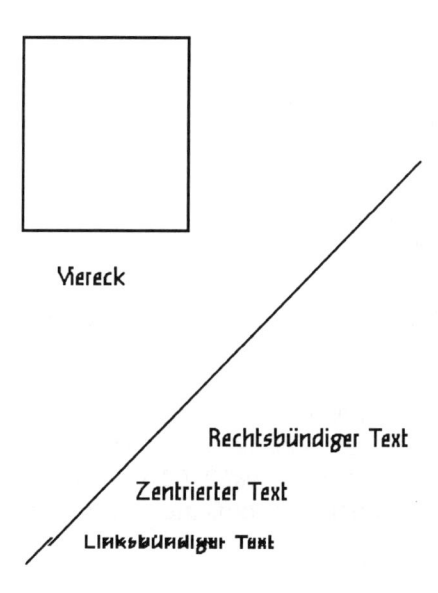

Viereck

Rechtsbündiger Text

Zentrierter Text

Linksbündiger Text

81

6. Graphik-Programm: Koordinaten zeichnen
(MODULE Koordinaten)

1. Aufgabe: Beide Ordinaten mit Einteilung zeichnen.

2. Programm:
MODULE Koordinaten;
(* Beide Koordinaten mit Einteilung zeichnen*)
IMPORT Graphs;

PROCEDURE Zeichnen* ;
VAR i: INTEGER;
BEGIN
Graphs.New (256, 256); Graphs.Clear (Graphs.white);

(*Kernteil*)
   (* beide Koordinaten zeichnen*)
Graphs.Line (Graphs.black, 0, 50, 160, 50); (*Waagrechte*)
Graphs.Line (Graphs.black, 0, 50, 0, 210); (*Senkrechte*)
   (*Einteilung beider Koordinaten zeichnen*)
i := 0;
REPEAT
i := i + 1;
Graphs.Line (Graphs.black, 0, 50+i*40,11, 50+i*40);
                                        (*Waagrechte*)
Graphs.Line (Graphs.black, 0+i*40,50, 0+i*40, 54);
                                        (*Senkrechte*)
UNTIL i = 4;

8 Beispiele einfacher Graphik-Programme

(*Ende*)
  (* Ausgabe*)
Graphs.Show ()
  (* Programmende*)
END Zeichnen;
END Koordinaten.

3. Ergebnis (6. Graphik-Programm):
Koordinaten.Zeichnen

7. Graphik-Programm: Sinus-Kurve zeichnen
(MODULE Sinus)

1. Aufgabe: Eine Sinus-Kurve mit Koordinatenkreuz zeichnen.

2. Programm:
```
MODULE Sinus;
(*Eine Sinus-Kurve mit Koordinatenkreuz zeichnen*)
IMPORT Math,Graphs, G := Graphs;

PROCEDURE Erledigen*;
VAR i,i0,j0,j: INTEGER; x,y: REAL;
BEGIN
G.New(256,256); G.Clear(G.white);

(*Kernteil*)
   (*Koordinatenkreuz zeichnen*)
G.Line(G.black, 128,60, 128,200); (*Senkrechte*)
G.Line(G.black, 0,128,255,128);(*Waagrechte*)
   (*Koordinaten-Einteilung*)
FOR i := 0 TO 255 DIV 32 DO
   G.Line(G.black, i*32,126,i*32,130);
   G.Line(G.black,126,i*32,130,i*32);
END
   (*Sinus-Kurve zeichnen*)
i := 0; i0 := i; x := (i-128)/32; y := Math:sin(x);
j0 := SHORT(ENTIER((y**"+128)+0.5));
FOR i := 1 TO 255 DO
   j := SHORT(ENTIER((y**"+128)+0.5));
   G.Line(G.black,i0,j0,i,j); i0 := i;j0 := j;
END
```

8 Beispiele einfacher Graphik-Programme

(*Ende*)
  (*Ausgabe*)
G.Show()
  (*Programmende*)
END Erledigen;
END Sinus.

3. Ergebnis (7. Graphik-Programm:
Sinus.Erledigen

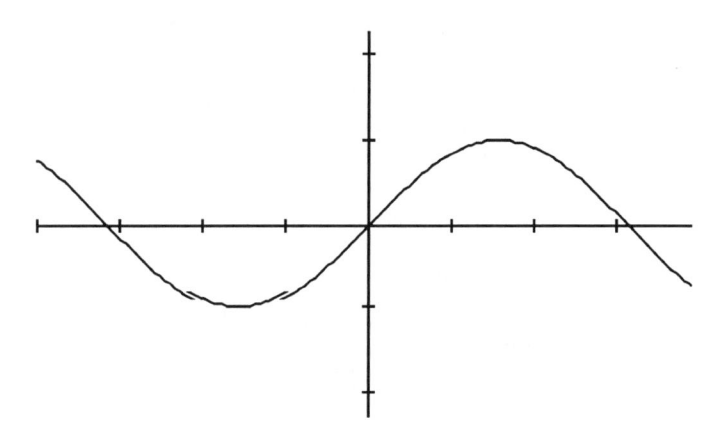

8. Graphik-Programm: Sinus-Kurve anders (MODULE Sinus1)

1. Aufgabe: Sinus-Kurve mit Ordinaten-Kreuz anders zeichnen.

2. Programm:
```
MODULE Sinus1;
(*Ein Koordinaten-Kreuz mit Sinus-Kurve anders
   zeichnen*)
IMPORT Math,Graphs, G,=Graphs;

PROCEDURE Erledigen*;
VAR i,j, j0: INTEGER; x,y: REAL;
BEGIN
G.New(256,256);
G.Clear(G.white);

(*Kernteil*)
   (*Ordinatenkreuz zeichnen und einteilen*)
G.Line(G.black,0,128,255,128);
G.Line(G.black,128,0,128,255);
 i := 0;
REPEAT
    i := i+10
    G.Line(G.black, i*32,126,i*32,130);
    G.Line(G.black, 126, i*32, 130, i*32);   UNTIL i = 8;
    (*Sinus-Kurve zeichnen*)
x := (i-128)/32; y := Math.sin(x);i := 0;
  j0 := SHORT(ENTIER((y*32+128)+0.5));
REPEAT
    i ;= i+1;x := (i-128)/32; y := Math.sin(x);
    j := SHORT(ENTIER((y*32+128)+0.5));
```

8 Beispiele einfacher Graphik-Programme

```
    G.Line(G.black, i-1, j0, i, j); j0 := j
UNTIL i = 255;

(*Ende*)
  (*Ausgabe*)
G.Show()
  (*Programmende*)
END Erledigen;
END Sinus1.
```

3. Ergebnis (8. Graphik-Programm):
Sinus1.Erledigen

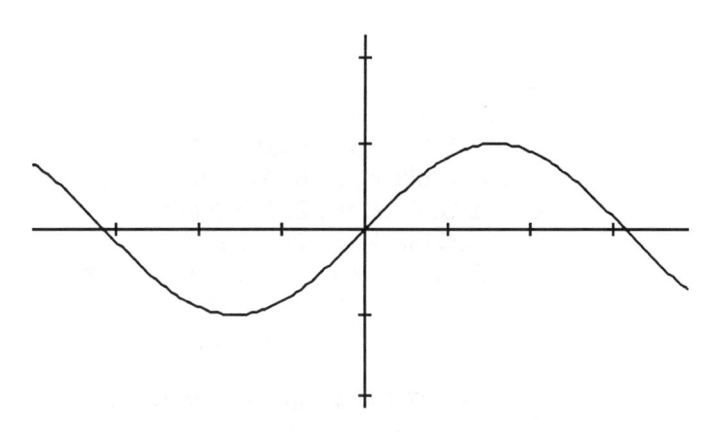

9. Graphik-Programm: Linie, Viereck, Sinus:(MODULE LinieViereckSinus)

1. Aufgabe: Zeichnen Linie, Viereck und Sinus.

2. Programm:
MODULE LinieViereckSinus;
(*Zeichnen Schräglinie, Viereck und Sinus*)
IMPORT Graphs, Math, G := Graphs;

PROCEDURE Zeichnen*;
VAR i,i0,j,j0: INTEGER; x, y: REAL;
BEGIN
G.New (450,256); G.Clear(G.white);

(*Kernteil*)
G.Line(G.black, 240, 55,350,200); (*Schräglinie*)
   (*Viereck*)
G.Line(G.black,15,160,90,160);
G.Line(G.black,90,160,90,200);
G.Line(G.black, 90, 200,15,200);
G.Line(G.black,15,200,15,160);
   (*Sinus-Koordinatenkreuz zeichnen*)
G.Line(G.black,128,55,128,200);
G.Line(G.black, 0,128,250,128);
  i := 0; i0 := i; x := (i-128)/32; y := Math.sin(x);
  j0:=SHORT(ENTIER((y*32+128)+0.5));
   (*Sinus-Kurve zeichnen*)
FOR i := 1 TO 255 DO
   x := (i-128)/32; y := Math.sin(x);
 j := SHORT(ENTIER((y*32+128)+0.5));
   G.Line(G.black, i0,j0,i,j); i0 := i; j0 := j
END;

8 Beispiele einfacher Graphik-Programme

```
(*Ende*)
  (*Ausgabe*)
G.Show()
  (* Programmende *)
END Zeichnen;
END LinieViereckSinus.
```

3. Ergebnis (9. Graphik-Programm):
LinieViereckSinus.Zeichnen

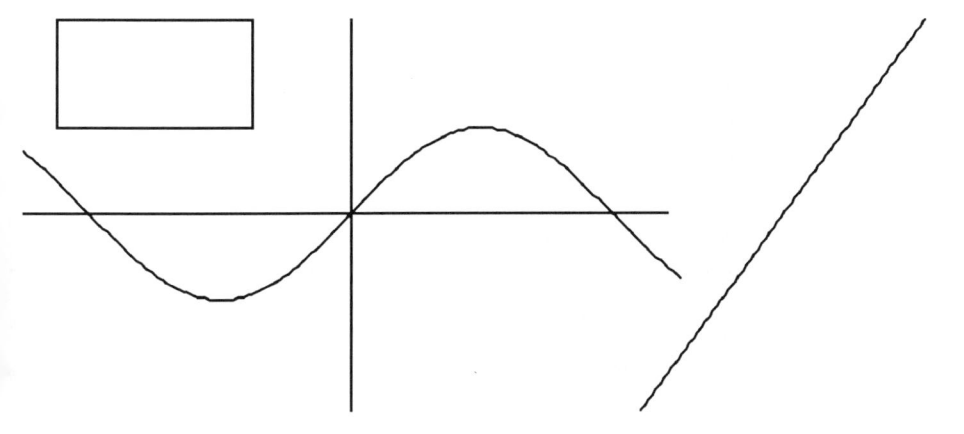

8 Beispiele einfacher Graphik-Programme

10. Graphik-Programm: Linie, Viereck, Sinus anders
(MODULE LVS)

1. Aufgabe: Linie, Viereck und Sinus anders zeichnen.

2. Programm:
MODULE LVS;
(*Zeichnen Schräglinie, Vie reck und Sinus-Kurve,
  anders*)
IMPORT Math, Graphs;

PROCEDURE Erledigen*;
VAR i, i0, j, j0: INTEGER; x, y: REAL;
BEGIN
Graphs.New(380, 256); Graphs.Clear(Graphs.white);

(*Kernteil*)
   (*Schräglinie zeichnen*)
Graphs.Line(Graphs.black, 0,0,160,160);
   (*Viereck zeichnen*)
Graphs.Rect(Graphs.black, 10,95,80,40);
   (*Sinus-Koordinatenkreuz zeichnen*)
Graphs.Line(Graphs.black,100,64,355,64);
Graphs.Line(Graphs.black,227,0,227,128);
i := 0; i0 := i; x := (i-128)/32; y := Math.sin(x);
   (*Sinus-Kurve zeichnen*)
j0 := SHORT(ENTIER((y*32+64)+0.5));
FOR i := 1 TO 255 DO
    x := (i-128)/32; y := Math.sin(x);
    j := SHORT(ENTIER((y*32+64)+0.5));

8 Beispiele einfacher Graphik-Programme

Graphs.Line(Graphs.black, i0-128+227, j0, i-128+227, j);
i0 := i; j0 := j;
END;

(*Ende*)
   (*Ausgabe*)
Graphs.Show ()
   (*Programmende*)
END Erledigen;
END LVS.

3. Ergebnis (10. Graphik-Programm):
LVS.Erledigen

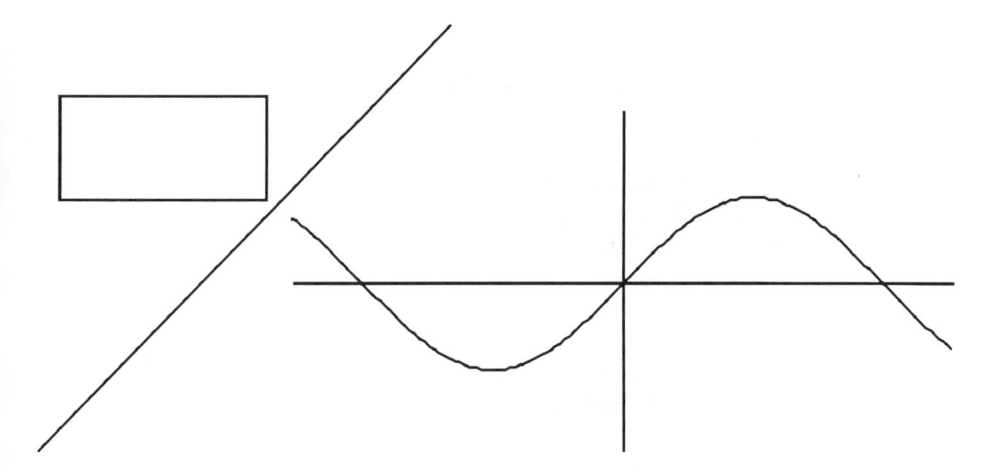

11. Graphik-Programm: Kurve 1 zeichnen (MODULE Kurve1)

<u>1. Aufgabe</u>: Graphische Darstellung der Funktion y(x)=sin(x)/x im Intervall zwischen -3*pi und +3*pi.

<u>2. Programm:</u>
MODULE Kurve1;
(*Graphische Darstellung der Funktion y(x)=sin(x)/x im Intervall zwischen -3*pi und +3*pi*)
IMPORT Math, Graphs, G := Graphs;
CONST
pi = 3.14159265;

PROCEDURE Graphic*;
VAR x, y, lx, ly: REAL;
BEGIN
G.New(512, 300); G.Clear(G.white);

(*Kernteil*)
   (*Koordinaten zeichnen*)
G.Line(G.black,15,37,385, 37);
G.Line(G.black,200,15,200,165);
x := -3 * pi; lx := x; ly := 0;
   (*Kurve zeichnen*)
REPEAT
   y := Math.sin(x)/x; G.Line(G.black,
   SHORT(ENTIER(200 + lx * 20)),
   SHORT(ENTIER(50 + ly * 100)),
   SHORT(ENTIER(200 + x * 20)),
   SHORT(ENTIER(50 + y * 100)));
   lx := x; ly := y; x := x + 0.3;
UNTIL x > 3 * pi;

8 Beispiele einfacher Graphik-Programme

```
(*Ende*)
  (*Ausgabe*)
G.Show ()
  (*Programmende*)
END Graphic;
END Kurve1.
```

3. Ergebnis: (11. Graphik-Programm):
   Kurve1.Graphic

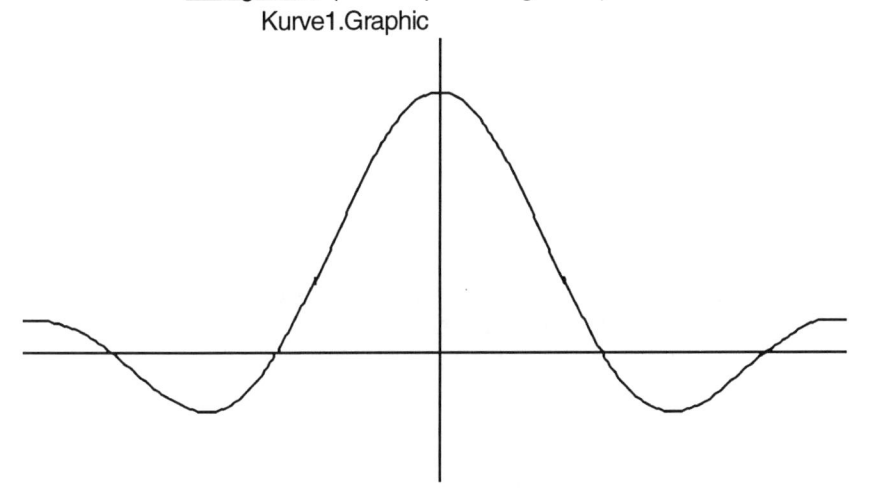

8 Beispiele einfacher Graphik-Programme

12. Graphik-Programm: Celsius-Fahrenheit-Abhängigkeit (MODULE CFG)

1. Aufgabe: Graphik der Beziehung zw. Grad Fahrenheit und Grad Celsius.

2. Programm:
```
MODULE CFG;
IMPORT Strings,Graphs;
   (*Graphik der Beziehung zw. Grad Fahrenheit und Grad
   Celsius*)

      PROCEDURE CF*;
      VAR i, i0, j0, j: INTEGER; x, y: REAL; s: ARRAY 4 OF
                                                  CHAR;
      BEGIN
         Graphs.New(200, 200); Graphs.Clear(Graphs.white);

(*Kernteil*)
   (*Koordinaten zeichnen und einteilen*)
   Graphs.Line(Graphs.black, 0, 20, 0, 199);
   Graphs.Line(Graphs.black, 0, 100, 199, 100);
   FOR i := 1 TO 199 DIV 20 DO
      Graphs.Line(Graphs.black, i*19, 100, i*19, 103);
      IF i > 1 THEN
         Graphs.Line(Graphs.black, 0, i*20, 5, i*20);
      END
   END;
(*Beschriftung*)
Graphs.LeftString(Graphs.black, 36, 54, "Waagrechte:
                                        Grad Fahrenheit ");
Graphs.LeftString(Graphs.black, 36, 45, "Senkrechte:
                                        Grad Celsius");
```

8 Beispiele einfacher Graphik-Programme

```
   (*Senkrechte nummerieren*)
j0 := 40; i := -30
REPEAT
   IF i # 0 THEN
      Strings.IntToStr(i, s);
        Graphs.RightString(Graphs.black, 20, j0-3, s)
   END;
   (*Resultat-Gerade zeichnen*)
i := 0; i0 := i; x := i/2; y := 5*(x-32)/9;
 j0 := SHORT(ENTIER((y*2+100)+0.5));
FOR i := 1 TO 255 DO
   x := i/2; y := 5*(x-32)/9;
     j := SHORT(ENTIER((y*2+100)+0.5));
   Graphs.Line(Graphs.black, i0, j0, i, j); i0 := i; j0 := j;
END;
(*Ende*)
   (*Ausgabe und Programmende*)
Graphs.Show()
END CF;
END CFG.
```

3. Ergebnis (12. Graphik-Programm) : CFG.CF

Waagrechte: Grad Fahrenheit
Senkrechte: Grad Celsius

8 Beispiele einfacher Graphik-Programme

13. Graphik-Programm: Fahrenheit-Cesius-Beziehung anders (MODULE CFGraph)

<u>1. Aufgabe:</u> Graphik der Beziehung zw. Grad Fahrenheit und Grad Celsius, anders, mit zwei Proceduren.

<u>2. Programm:</u>
MODULE CFGraph;
 IMPORT Strings, Graphs, G := Graphs;
 (*Graphik der Beziehung zw. Grad Fahrenheit und Grad Celsius anders, mit zwei Proceduren*)

PROCEDURE cf(x: REAL): REAL;
BEGIN
RETURN 5*(x-32)/9
END cf;

PROCEDURE CF*;
VAR i, i0, j0, j: INTEGER; x, y: REAL; s: ARRAY 4 OF CHAR;
BEGIN
G.New(200, 200); G.Clear(G.white);
(*Kernteil*)
    (*Koordinaten zeichnen und einteilen*) G.Line(G.black, 0, 20, 0, 199); G.Line(G.black, 0,100, 199, 100);
 FOR i := 0 TO 199 DIV 20 DO
    G.Line(G.black, i*19, 100, i*19, 103);
     IF i > 1 THEN
        G.Line(G.black, 0, i*20, 5, i*20);
     END
END;
    (*Senkrechte nummerieren*)
j0 := 40; i := -30;
REPEAT
  IF i # 0 THEN
     Strings.IntToStr(i, s); G.RightString(G.black, 20,j0-3, s);
  END;

8 Beispiele einfacher Graphik-Programme

```
  j0 := j0+20; i := i + 10;
UNTIL j0 >= 200;
REPEAT
  IF i # 0 THEN
     Strings.IntToStr(i, s); G.RightString(G.black, 20,j0-3, s);
  END;
    j0 := j0+20; i := i + 10;
UNTIL j0 >= 200;
     (*Waagrechte nummerieren*)
FOR i := 1 TO 9 DO
 Strings.IntToStr(i*10, s); G.LeftString(G.black, i*19-3, 90, s);
END;
     (*Resultat-Gerade zeichnen*)
i := 0; i0 := i;  x := i/2; y := cf(x);
j0 := SHORT(ENTIER((y*2+100)+0.5));
  FOR i := 1 TO 255 DO
     x := i/2; y := cf(x); j := SHORT(ENTIER((y*2+100)+0.5));
     G.Line(G.black, i0, j0, i, j); i0 := i; j0 := j
  END;
     (*Beschriftung*)
G.LeftString(G.black,36,54,"Waagrechte Grad
                                 Fahrenheit");
G.LeftString(G.black,36,45,"Senkrechte Grad Celsius");

(*Ende*)
    (*Ausgabe*)
G.Show()
    (*Programmende*)
END CF;
END CFGraph.
```

8 Beispiele einfacher Graphik-Programme

<u>3. Ergebnis</u> (13. Graphik-Programm):
CFGraph.CF.

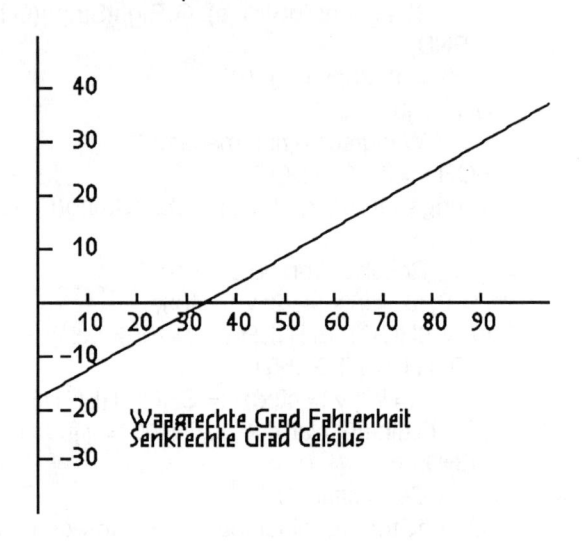

Waagrechte Grad Fahrenheit
Senkrechte Grad Celsius

8 Beispiele einfacher Graphit-Programme

14. Graphik-Programm: Stickstoff-Sauerstoff-Beziehung im Gasgemisch (MODULE NO2)

1. Aufgabe: Kurve zeichnen für cbm N/1 cbm O in Abhängigkeit von % O im Gasgemisch.

2. Programm:
MODULE NO2;
IMPORT Graphs;
(*Kurve zeichnen für cbm N/1 cbm O in Abhängigkeit von
   % O im Gasgemisch*)

PROCEDURE Zeichnen*;
VAR i,j,i0,j0: INTEGER; str: ARRAY 4 OF CHAR; x, y:
                                                                REAL;
BEGIN
Graphs.New (265, 260); Graphs.Clear (Graphs.white);

(*Kernteil*)
  (*beide Koordinaten zeichnen*)
Graphs.Line(Graphs.black, 50,50,265,50);
Graphs.Line(Graphs.black, 50,50,50,260);
  (*Beschriftung der Waagrechte*)
Graphs.LeftString(Graphs.black, 100, 20,"% O im N-O-
                                                                Gemisch");
  (*Einteilung zeichnen*)
i := 0;
REPEAT
   Graphs.Line(Graphs.black, 50+i*50,50,50+i*50,54);
   Graphs.Line(Graphs.black, 50,50+i*50,54,50+i*50);
   i := i+1;
UNTIL i = 5;
  (*Koordinaten beschriften*)
i0 := 50; i := 20; (*Waagrechte*)

```
   REPEAT
     IF i = 100 THEN str := "100" ELSE
       str[0] := CHR((i DIV 10)+ORD("0"));  str[1] := "0";
       str[2] := 0X
     END;
     Graphs.LeftString(Graphs.black, i0-5, 40, str); i0:= i0 +50;
     i := i+20
UNTIL i0 = 300;
j0 := 50; i := 0;
   (*Senkrechte*)
REPEAT
     str[0] := CHR(i+ORD("0")); str[1] := 0X;
     Graphs.LeftString(Graphs.black, 40, j0, str); j0 := j0+50;
     i := i+1
UNTIL j0 = 300;
   (*Kurve zeichnen*)
 i0 := 50; j0 := 250; x := 20.0;
REPEAT
     y := (100.0-x)/x; i := SHORT(ENTIER(x*2.5+0.5));
     j := SHORT(ENTIER((y+1.0)*50.0+0.5));
     Graphs.Line(Graphs.black, i0, j0, i, j); i0 := i; j0 := j;
     x := x+1.0
UNTIL x = 100;

(*Ende*)
  (*Ausgabe*)
Graphs.Show()
  (*Programmende*)
END Zeichnen;
END NO2.
```

8 Beispiele einfacher Graphik-Programme

3. Ergebnis (14. Graphik-Programm):
NO2.Zeichnen

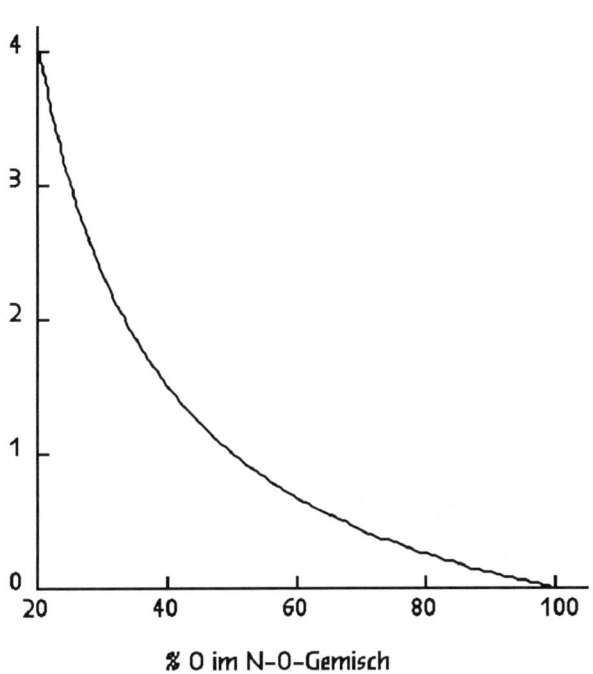

% O im N-O-Gemisch
cbm N je 1 cbm O in N-O-Gemisch

15. Graphik-Programm: Stickstoff-Sauerstoff-Beziehung anders (MODULE NO3)

1.Aufgabe: Kurve zeichnen für cbm N/1 cbm O in Abhängigkeit von % O im Gasgemisch, anders.

2.Programm:
```
MODULE NO3;
IMPORT G := Graphs;
(*Kurve zeichnen für cbm N/1 cbm O in Abhängigkeit von
  % O im Gasgemisch. anders*)

PROCEDURE Zeichnen*;
VAR i,j,i0,j0: INTEGER; str: ARRAY 4 OF CHAR; x, y: REAL;
BEGIN
G.New (265, 260); G.Clear (G.white);

(*Kernteil*)
  (*beide Koordinaten zeichnen*)
G.Line(G.black, 50,50,265,50);
G.Line(G.black, 50,50,50,260);
  (*Einteilung zeichnen*)
i := 0;
REPEAT
   G.Line(G.black, 50+i*50,50,50+i*50,54);
   G.Line(G.black, 50,50+i*50,54,50+i*50); i := i+1;
UNTIL i = 5;
  (*Waagrechte beschriften*)
i0 := 50; str := "20";
G.LeftString(G.black,i0-5,40,str); i0 :=100; str := "40";
G.LeftString(G.black,i0-5,40,str);
i0 := 150, str := "60"; G.LeftString(G.black,i0-5,40,str);
i0 := 200; str := "80"; G.LeftString(G.black, i0-5, 40, str);
i0 := 250; str := "100"; G.LeftString(G.black, i0-5, 40, str);
```

```
(*Beschriftung*)
G.LeftString(G.black, 100, 20,"% O im N-O-Gemisch");
G.LeftString(G.black, 100, 5, "cbm N je 1 cbm O im N-O-
                                                  Gemisch");
  (*Senkrechte beschriften*)
j0 :=50; str :="0"; G.LeftString(G.black,40,j0,str);
j0 :=100; str :="1"; G.LeftString(G.black,40,j0,str);
j0 := 150; str := "2"; G.LeftString(G.black,40,j0,str);
j0 :=200; str:="3";G.LeftString(G.black,40,j0,str);
j0 := 250; str := "4"; G.LeftString(G.black, 40, j0, str);
  (*Kurve zeichnen*)
i0 := 50; j0 := 250; x := 20.0;
REPEAT
   y := (100.0-x)/x;
    i :=SHORT(ENTIER(x*2.5+0.5));
    j :=SHORT(ENTIER((y+1.0)*50.0+0.5));
   G.Line(G.black, i0, j0,i,j); i0 := i; j0 := j; x := x + 1.0;
UNTIL x = 100;

(*Ende*)
 (*Ausgabe*)
G.Show()
 (*Programmende*)
END Zeichnen;
END NO3.
```

8 Beispiele einfacher Graphik-Programme

3. Ergebnis (15. Graphik-Programm):
NO3.Zeichnen

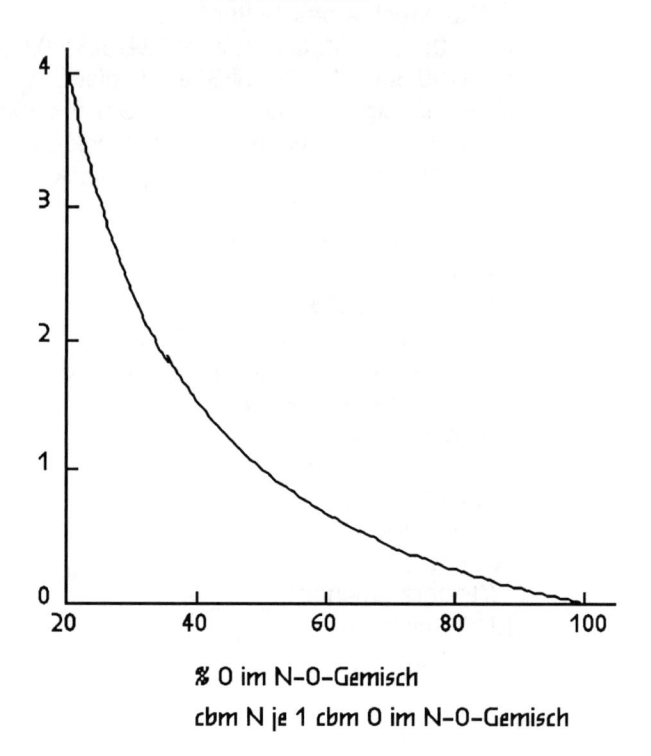

% O im N-O-Gemisch
cbm N je 1 cbm O im N-O-Gemisch

8 Beispiele einfacher Graphik-Programme

16. Graphik-Programm: Doppel-Kreis zeichnen
(MODULE KreisG)

1. Aufgabe: Doppel-Kreis mit Koordinaten-Kreuz zeichnen

2. Programm:
MODULE KreisG;
(*Doppel-Kreis mit Koordinaten-Kreuz zeichnen*).
IMPORT Math, G := Graphs;

PROCEDURE Zeichnen*;
BEGIN
G.New(260,260), G.Clear(G.white);

(*Kernteil*)
   (*Koordinaten-Kreuz*)
G.Line (G.black, 0, 128, 255, 128); (*Waagrechte*)
G.Line (G. black, 128, 0, 128, 255); (*Senkrechte*)
   (*Doppel-Kreis zeichnen*)
G.circle (G.black, 128, 128, 64); (*Innen-Kreis*)
G.circle (G.black, 128, 128, 90); (*Aussen-Kreis*)

(*Ende*)
   (*Ausgabe*)
G.Show()
   (*Programmende*)
END Zeichnen;
END KreisG.

8 Beispiele einfacher Grsaphik-Programme

<u>3. Ergebnis</u> (16. Graphik-Programm):
KreisG.Zeichnen

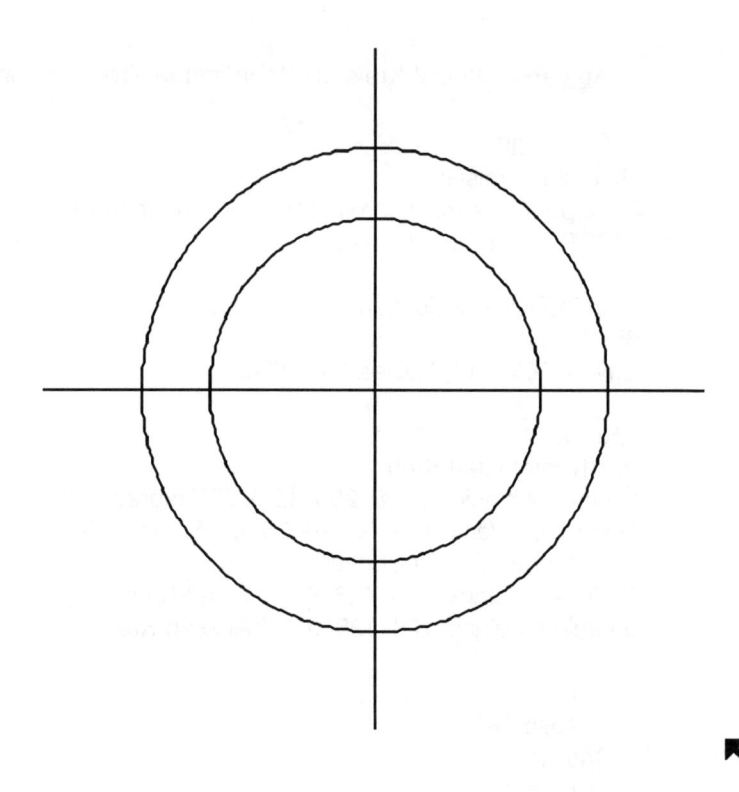

8 Beispiele einfacher Graphik-Programme

17. Graphik-Programm: Doppel-Ellipse zeichnen
(MODULE EllipseG)

1. Aufgabe: Doppel-Ellipse mit Koordinaten ist zu zeichnen.

2. Programm:
MODULE EllipseG;
(*Doppel-Ellipse mit Koordinaten ist zu zeichnen*)
IMPORT Math, G := Graphs;

PROCEDURE Zeichnen*;
BEGIN
G.New (380,280); G.Clear (G.white);

(*Kernteil*)
 (*Koordinaten zeichnen*)
G.Line(G.black, 0, 110, 320, 110); (* Waagrechte *)
G.Line(G.black, 160, 35, 160, 190); (*Senkrechte *)
 (*Ellipse zeichnen*)
G.Ellipse(G.black, 160, 110, 140, 50); (*große Ellipse*)
G.Ellipse(G.black, 160, 110, 100, 30); (*kleine Ellipse*)

(*Ende*)
 (*Ausgabe*)
G.Show ()
  (*Programmende*)
END Zeichnen;
END EllipseG.

3. Ergebnis (17. Graphik-Programm):
EllipseG.Zeichnen

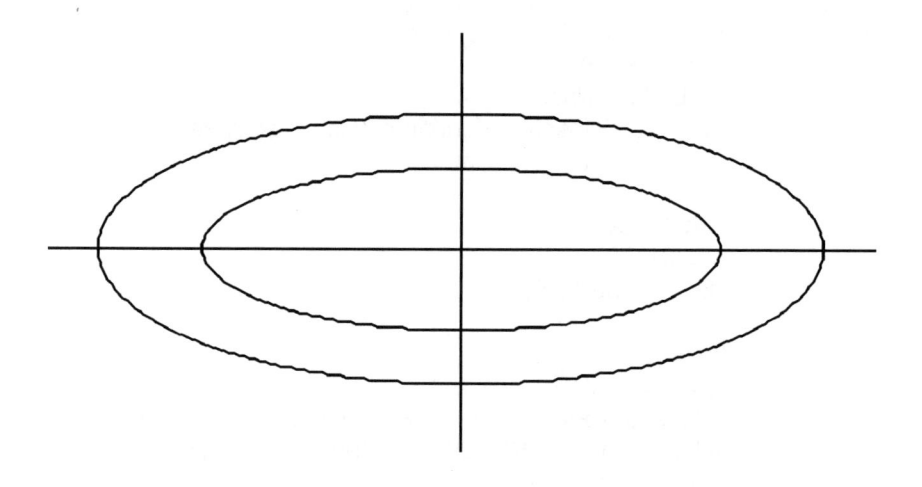

8 Beispiele einfacher Graphik-Programme

18. Graphik-Programm: Daten-Kurve zeichnen
(MODULE Daten)

1. Aufgabe: Zu zeichnen sind Kurven der langjährigen Monatsmittelwerte der Lufttemperatur und der Luftfeuchtigkeit.

2. Programm:
MODULE Daten;
(*Zu zeichnen sind Kurven der Monatsmittelwerte der
  Lufttemperatur und der Luftfeuchtigkeit*)
IMPORT Strings, G := Graphs;
VAR wi, lu: ARRAY 12 OF REAL;

PROCEDURE Show*;
VAR s: ARRAY 4 OF CHAR; i: INTEGER;
BEGIN
G.New(300, 160);

(*Kernteil*)
G.SetFont("Syntax10.Scn.Fnt");
  (*Vier Bildseiten zeichnen*)
G.Line(G.black, 30, 30, 270, 30);
G.Line(G.black, 30, 30, 30, 150);
G.Line(G.black, 30, 150, 270, 150);
G.Line(G.black, 270, 30, 270, 150);
  (*Bild-Gitter zeichnen*)
FOR i := 1 TO 11 DO (*Senkrechte*)
G.PatLine(G.black, G.grey50, 30+i*20, 30, 30+i*20, 150);
END;
FOR i := 1 TO 12 DO (*Waagrechte*)
  G.PatLine(G.black, G.grey50, 30, 30+i*10, 270, 30+i*10)
END;

```
(*Senkrechte beschriften*)
FOR i := 1 TO 6 DO
    Strings.IntToStr(i*4, s); G.LeftString(G.black, 17,
                                           30+i*2*10-4, s);
END;
(*Waagrechte beschriften*)
G.MiddleString(G.black,150, 5, "Monat");
G.SetFont("Syntax10.Scn.Fnt");
G.MiddleString(G.black,40,20, "jan");
G.MiddleString(G.black,60,20,"feb");
G.MiddleString(G.black,80,20, "märz");
G.MiddleString(G.black,100,20, "apr");
G.MiddleString(G.black, 120,20, "mai");
G.MiddleString(G.black,140,20, "juni");
G.MiddleString(G.black,160,20, "juli");
G.MiddleString(G.black,180,20, "aug");
G.MiddleString(G.black,200,20, "sept");
G.MiddleString(G.black,220,20,"okt");
G.MiddleString(G.black,240,20, "nov");
G.MiddleString(G.black,260,20, "dez");
G.SetFont("Syntax10.Scn.Fnt");
G.LeftString(G.black, 115, 61, "Monatsfeuchtigkeit in
                                           g/m3");
G.LeftString(G.black, 115,126, "Monatstemperatur in
                                           Grad C");
(*beide Kurven zeichnen*)
FOR i := 1 TO 11 DO
    G.Line(G.black, (i-1)*20+40,30+SHORT(ENTIER(lu[i-
    1]*5+0.5)),i*20+40,30+SHORT(ENTIER(lu[i]*5+0.5)));
        G.Line(G.black, (i-1)*20+40,30+SHORT(ENTIER(wi[i-
        1]*5+0.5)), i*20+40,30+SHORT(ENTIER(wi[i]*5+0.5)));
END;
```

8 Beispiele einiger Graphik-Programme

```
(*Ende*)
 (*Ausgabe*)
G.Show()
 (*Programmende*)
END Show;

BEGIN
    wi[0] := 0.5; lu[0] := 6.9; wi[1] := 1.1; lu[1] := 7.1;
    wi[2] := 2.8; lu[2] := 8.5;wi[3] := 5.0; lu[3] := 10.8;
    wi[4] := 7.5; lu[4] := 14.4; wi[5] := 8.9; lu[5] := 19.0;
    wi[6] := 9.7; lu[6] := 23.1; wi[7] := 9.4; lu[7] := 20.7;
    wi[8] := 7.8; lu[8] := 18.4;wi[9] := 5.2; lu[9] := 13.2;
    wi[10] := 2.8; lu[10] := 9.4; wi[11] := 1.3; lu[11] := 6.8
END Daten.
```

3. Ergebnis (18. Graphik-Programm):
Daten.Show

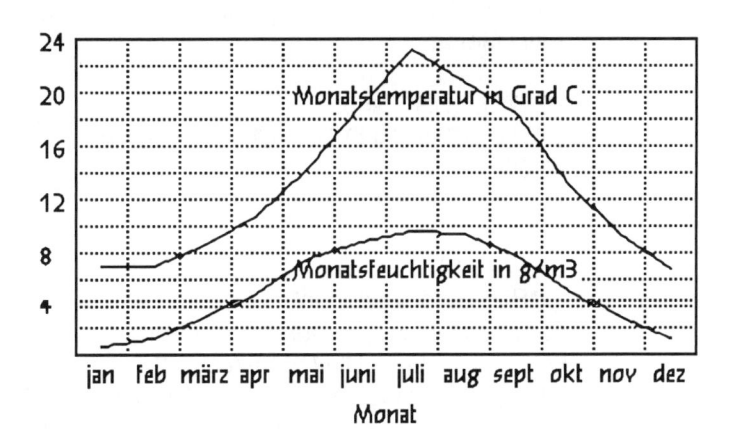

19. Graphik-Programm: Daten-Kurve zeichnen, anders (MODULE WiLu)

<u>1. Aufgabe:</u> Zu zeichnen sind langjährige Monatsmittelwerte der Lufttemperatur und der Luftfeuchtigkeit, anders.

<u>2. Programm:</u>
```
MODULE WiLu;
(*Zu zeichnen sind Monatsmittelwerte der Lufttemperatur
 und der Luftfeuchtigkeit, anders*)
IMPORT Strings, Graphs;
VAR wi, lu: ARRAY 12 OF REAL;

PROCEDURE Monat(x: INTEGER; name: ARRAY OF
                                        CHAR);
BEGIN
Graphs.MiddleString(Graphs.black,x, 20, name)
END Monat;

PROCEDURE Show*;
VAR s: ARRAY 4 OF CHAR; i: INTEGER;
BEGIN
Graphs.New(300, 310);

(*Kernteil*)
   (*Bild-Gitter zeichnen*)
Graphs.SetFont("Syntax10.Scn.Fnt");
FOR i := 1 TO 11 DO (*Senkrechte*)
   Graphs.PatLine(Graphs.black, Graphs.grey50,
            30+i*20, 30, 30+i*20, 290)
END;
```

```
FOR i := 1 TO 12 DO (*Waagrechte*)
   Graphs.PatLine(Graphs.black, Graphs.grey50,
           30, 30+i*20, 270, 30+i*20)
END;
(*Senkrechte beschriften*)
FOR i := 1 TO 6 DO
   Strings.IntToStr(i*4, s);
   Graphs.LeftString(Graphs.black, 17, 30+i*2*20-4, s)
END;
(*Vier Bildseitenlinien zeichnen*)
Graphs.Line(Graphs.black, 30, 30, 270, 30);
Graphs.Line(Graphs.black, 30, 30, 30, 290);
Graphs.Line(Graphs.black, 30, 290, 270, 290);
Graphs.Line(Graphs.black, 270, 30, 270, 290);
  (*Waagrechte beschriften*)
Graphs.MiddleString(Graphs.black, 150, 5, "Monat");
Graphs.SetFont("Syntax10.Scn.Fnt");
Monat(40, "jan"); Monat(60, "feb"); Monat(80, "märz");
Monat(100, "apr"); Monat(120, "mai"); Monat(140, "juni");
Monat(160, "juli"); Monat(180, "aug"); Monat(200, "sept");
Monat(220, "okt"); Monat(240, "nov"); Monat(260, "dez");
   Graphs.SetFont("Syntax10.Scn.Fnt");
Graphs.LeftString(Graphs.black, 115, 92, "Monatsfeuch-
                                       tigkeit (g/m3)");
Graphs.LeftString(Graphs.black, 145, 262, "Monatstem-
                                        peratur (C)");
  (*beide Kurven zeichnen*)
FOR i := 1 TO 11 DO
   Graphs.Line(Graphs.black, (i-1)*20+40, 30+
    SHORT(ENTIER(lu[i-1]*10+0.5)),  i*20+40,
         30+SHORT(ENTIER(wi[i]*10+0.5));
   Graphs.Line(Graphs.black, (i-1)*20+40, 30+
    SHORT(ENTIER(wi[i-1]*10+0.5)), i*20+40,30+
    SHORT(ENTIER(wi[i]*10+0.5));
END;
```

8 Beispiele einfacher Graphik-Programme

```
(*Ende*)
 (*Ausgabe*)
Graphs.Show()
 (*Programmende*)
END Show;

BEGIN   (* Kurve-Daten *)
    wi[0] := 0.5; lu[0] := 6.9; wi[1] := 1.1; lu[1] := 7.1;
    wi[2] : =2.8; lu[2] := 8.5;wi[3] := 5.0; lu[3] := 10.8;
    wi[4] := 7.5; lu[4] := 14.4; wi[5] := 8.9; lu[5] := 19.0;
    wi[6] := 9.7;  lu[6] := 23.1; wi[7] := 9.4; lu[7] := 20.7;
    wi[8] := 7.8; lu[8] := 18.4;wi[9] := 5.2; lu[9] := 13.2;
    wi[10] := 2.8; lu[10] := 9.4; wi[11] := 1.3; lu[11] := 6.8

END WiLu.Show
```

3.Ergebnis (19. Graphik-Programm):
WiLu.Show

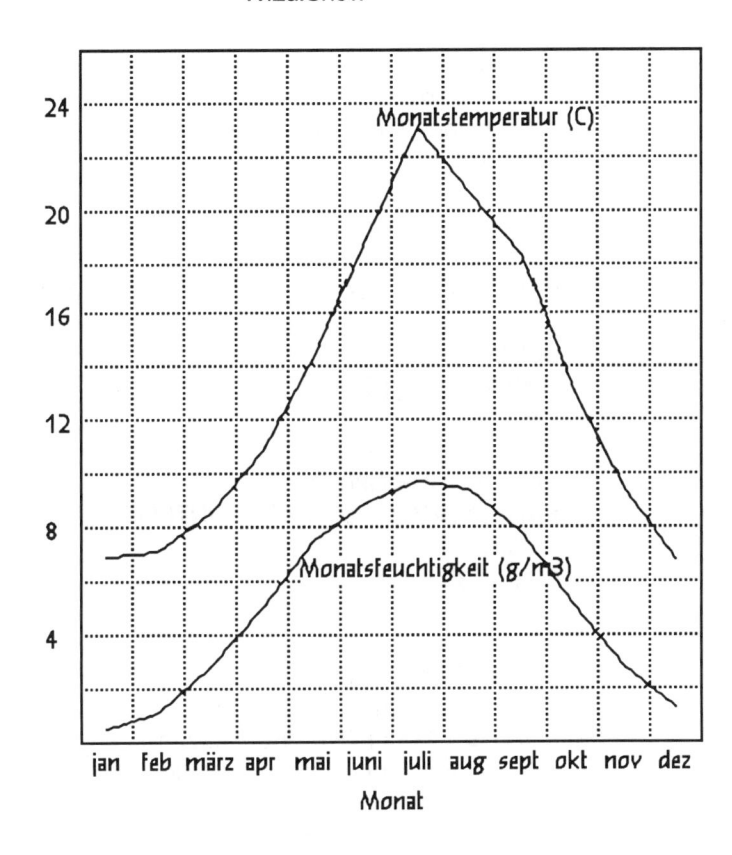

8 Beispiele einfacher Graphik-Programme

20. Graphik-Programm: Daten-Kurve zeichnen, neu
(MODULE WiLu1).

1. Aufgabe: Zu zeichnen sind Monatsmittelwerte der Temperatur als auch der Feuchtigkei der Luft, neu.

2. Programm:
```
MODULE WiLu1;
(*Zu zeichnen sind Monatsmittelwerte der Temperatur
  als auch der Feuchtigkeit der Luft, neu*)
IMPORT Strings, G := Graphs;
VAR wi, lu: ARRAY 12 OF REAL;

PROCEDURE Monat(x: INTEGER; name: ARRAY OF
                                         CHAR);
BEGIN
G.MiddleString(G.black, x, 20, name)
END Monat;

PROCEDURE Show*;
VAR s: ARRAY 4 OF CHAR; i: INTEGER;
BEGIN
G.New(300, 160);

(*Kernteil*)
  (*Bild-Gitter zeichnen*)
G.SetFont("Syntax10.Scn.Fnt");
FOR i := 1 TO 11 DO  (*Senkrechte*)
   G.PatLine(G.black, G.grey50, 30+i*20, 30, 30+i*20, 150);
END;
FOR i := 1 TO 12 DO  (*Waagrechte*)
   G.PatLine(G.black, G.grey50, 30, 30+i*10, 270, 30+i*10);
END;
```

8 Beispiele einfacher Graphik-Programme

```
FOR i := 1 TO 6 DO (*Senkrechte beschriften*)
   Strings.IntToStr(i*4, s);
   G.LeftString(G.black, 17, 30+i*2*10-4, s);
END;
 (*vier Bildseitenlinien zeichnen*)
 G.Line(G.black, 30, 30, 270, 30);
 G.Line(G.black, 30, 30, 30, 150);
 G.Line(G.black, 30, 150, 270, 150);
 G.Line(G.black, 270, 30, 270, 150);
 MiddleString(G.black, 150, 5, "Monat");
  (*Waagrechte beschriften*)
  G.SetFont("Syntax10.Scn.Fnt");
 Monat(40, "jan"); Monat(60, "feb"); Monat(80, "märz");
 Monat(100, "apr"); Monat(120, "mai"); Monat(140, "juni");
 Monat(160, "juli"); Monat(180, "aug");
 Monat(200, "sept"); Monat(220, "okt");
 Monat(240, "nov"); Monat(260, "dez");
 G.SetFont("Syntax10.Scn.Fnt");
 G.LeftString(G.black, 110, 61, "Monatsfeuchtigkeit in
                                                  g/m3");
 G.LeftString(G.black, 115, 116, "Monatstemperatur in
                                                Grad C");
 FOR i := 1 TO 11 DO  (*beide Kurven zeichnen*)
    G.Line(G.black, (i-1)*20+40, 30+
     SHORT(ENTIER(lu[i-1]*5+0.5)), i*20+40, 30+
     SHORT(ENTIER(lu[i]*5+0.5));
    G.Line(G.black, (i-1)*20+40, 30+
     SHORT(ENTIER(wi[i-1]*5+0.5)), i*20+40, 30+
     SHORT(ENTIER(wi[i]*5+0.5));
 END;
```

8 Beispiele einfacher Graphik-Programme

```
(*Ende*)
 (*Ausgabe*)
 G.Show()
 (*Programmende*)
END Show;

BEGIN (*Daten-Eingabe*)
  wi[0] := 0.5; lu[0] := 6.9; wi[1] := 1.1; lu[1] := 7.1;
  wi[2] := 2.8; lu[2] := 8.5;wi[3] := 5.0; lu[3] := 10.8;
  wi[4] := 7.5; lu[4] := 14.4; wi[5] := 8.9; lu[5] := 19.0;
  wi[6] := 9.7; lu[6] := 23.1; wi[7] := 9.4; lu[7] := 20.7;
  wi[8] := 7.8; lu[8] := 18.4;wi[9] := 5.2; lu[9] := 13.2;
   wi[10] := 2.8; lu[10] := 9.4; wi[11] := 1.3; lu[11] := 6.8;
END WiLu1.
```

3.Ergebnis (20. Graphik-Programm):
WiLu1.Show

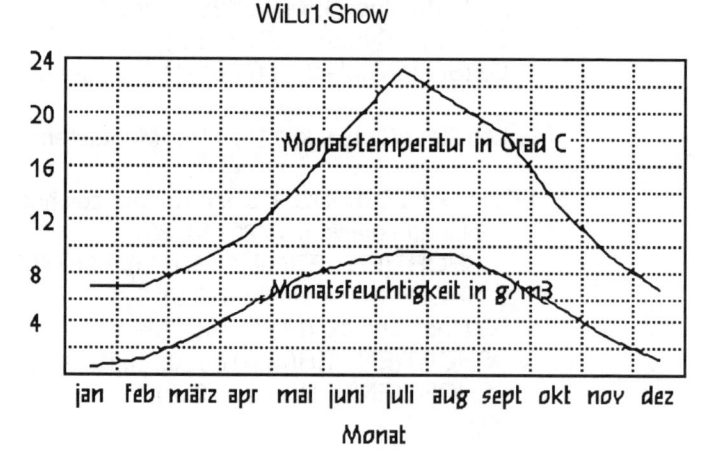

8 Beispiele einfacher Graphik-Programme

21. Graphik-Programm: Torten-Graphik mit Winkel-Teilung (TorteG)

1. Aufgabe: Torten-Graphik mit Winkel-Teilung zeichnen.

2. Programm:
MODULE TorteG;
(*Torten-Graphik mit Winkel-Teilung zeichnen*)
IMPORT Graphs, Math;

PROCEDURE Do*;
BEGIN
Graphs.New(200, 200);
Graphs.Clear(Graphs.white);

(*Kernteil*)
 (*Winkel-Teilung*)
Graphs.Arc(Graphs.black, 100, 100, 95, 0.5, 1.1, TRUE);
Graphs.Fill(Graphs.red, 95, 105);
Graphs.Arc(Graphs.black, 100, 100, 95, 3.2, 5.0, TRUE);
Graphs.Fill(Graphs.green, 105, 95);
 (*Kreis zeichnen*)
Graphs.Circle(Graphs.black, 100, 100, 95);
        (*Kreis: Mitte 100,100, Radius 95*)

(*Ende*)
 (*Ausgabe*)
Graphs.Show()
 (*Programmende*)
END Do;
END TorteG.

8 Beispiele einfacher Graphik-Programme

<u>3. Ergebnis</u> (21. Graphik-Programm):
TorteG.Do ~

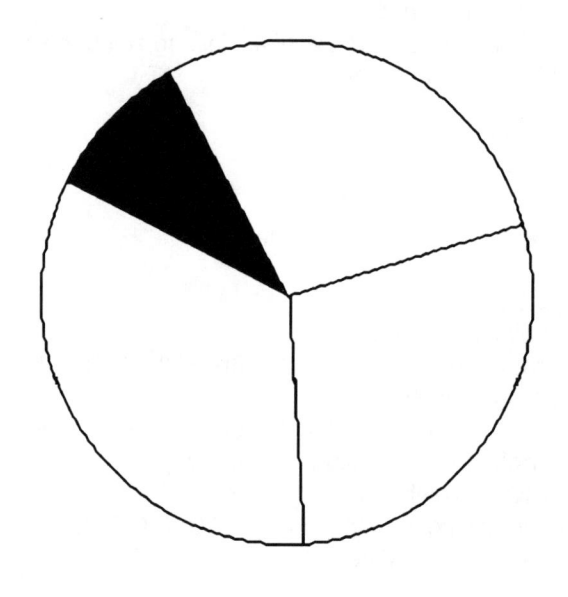

8 Beispiele einfacher Graphik-Programme

22. Graphik-Programm: Torten-Graphik mit Winkel-Teilung, anders (TorteG1)

<u>1. Aufgabe:</u> Torten-Graphik mit Winkel-Teilung zeichnen, anders, mit drei Proceduren

2. Programm:
```
MODULE TorteG;
(*Torten-Graphik mit Winkel-Teilung zeichnen, anders,
   mit drei Proceduren*)
IMPORT Graphs, Math;

PROCEDURE ToRAD*(p: INTEGER): REAL;
BEGIN
RETURN (p/100.0)*2.0*Math.pi
END ToRAD;

PROCEDURE Arc*(x, y, r, from, to: INTEGER);
BEGIN
Graphs.Arc(Graphs.black, x, y, r, ToRAD(from),
ToRAD(to), TRUE, FALSE)
END Arc;

PROCEDURE Do*;
BEGIN
Graphs.New(200, 200);
Graphs.Clear(Graphs.white);
```

8 Beispiele einfacher Graphik-Programme

```
(*Kernteil*)
 (*Winkel-Teilung*)
Arc(100, 100, 95, 0, 78);
Arc(100, 100, 95, 78, 90);
Arc(100, 100, 95, 90, 100);
(*Kreis zeichnen*)
Graphs.Circle(Graphs.black, 100, 100, 95);

(*Ende*)
(*Ausgabe*)
Graphs.Show()
(*Programmende*)
END Do;
END TorteG1.
```

<u>3. Ergebnis</u> (22. Graphik-Programm):
TorteG1. Do

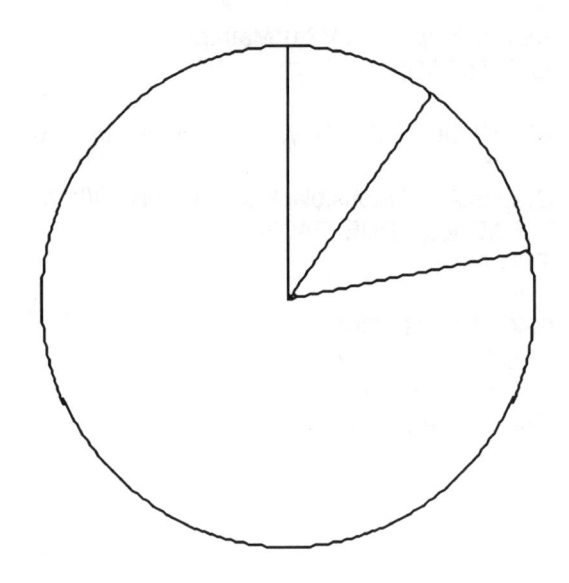

8 Beispiele einfacher Graphik-Programme

23. Graphik-Programm: Torten-Graphik mit Prozente-Teilung (Torte2)

1. Aufgabe: Torten-Graphik mit Prozente-Teilung zeichnen.

2. Programm:
MODULE Torte2;
(*Torten-Graphik mit Prozente-Teilung zeichnen*)
IMPORT Graphs, Math;

PROCEDURE ToRAD*(p: REAL): REAL;
BEGIN
RETURN (p/100.0)*2.0*Math.pi
END ToRAD;

PROCEDURE Arc*(x, y, r: INTEGER;
VAR pat: Graphs.Pattern; from, to: REAL);
BEGIN
Graphs.PatArc(Graphs.black, pat, x, y, r, ToRAD(from),
 ToRAD(to));
END Arc;

PROCEDURE Do*;
VAR x: REAL;
BEGIN
Graphs.New(300, 300);
Graphs.Clear(Graphs.white);

8 Beispiele einfacher Graphik-Programme

(*Kernteil*)
 (*Prozente-Teilung*)
Arc(200, 200, 95, Graphs.empty, 0, 56.97); x := 56.97;
Arc(200, 200, 95, Graphs.grey25, x, x+18.45); x :=
x+18.45;
Arc(200, 200, 95, Graphs.grey50, x, x+2.98); x := x+2.98;
Arc(200, 200, 95, Graphs.grey75, x, x+9.56);
Arc(200, 200, 95, Graphs.full, x, x+12.03); x := x+12.03;
 (*Kreis zeichnen*)
Graphs.Circle(Graphs.black, 200, 200, 95);

(*Ende*)
 (*Ausgabe*)
Graphs.Show()
 (*Programmende*)
END Do;
END Torte2.

3. Ergebnis (23. Graphik-Programm):
Torte2.Do

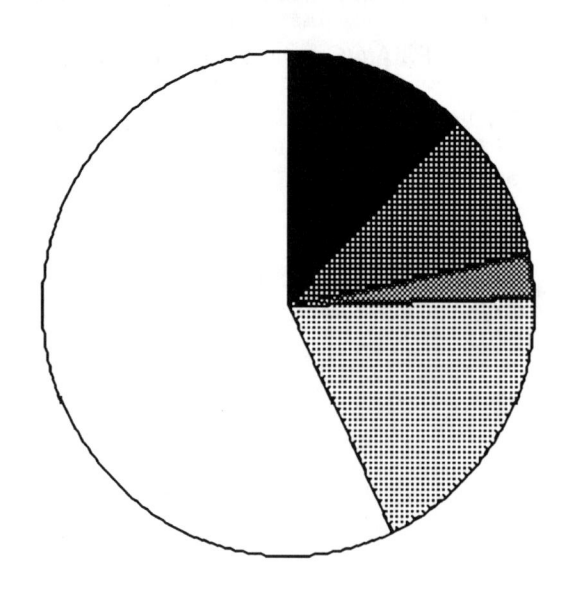

8 Beispiele einfacher Graphik-Programme

24. Graphik-Programm: Torten-Anwendung: Weltgussproduktion 1995 (Torte3)

1. Aufgabe: Torten-Graphik-Anwendung: Weltgussproduktion 1995.

2. Programm:
MODULE Torte3;
(*Torten-Graphik-Anwendung: Weltgussproduktion 1995*)
IMPORT Graphs, Math;

PROCEDURE ToRAD*(p: REAL): REAL;
BEGIN
RETURN (p/100.0)*2.0*Math.pi
END ToRAD;

PROCEDURE Arc(x, y, r: INTEGER; VAR pat: Graphs.
 Pattern; from, to: REAL);
BEGIN
Graphs.PatArc(Graphs.black, pat, x, y, r, ToRAD(from),
 ToRAD(to));
END Arc;

PROCEDURE Do*;
VAR x: REAL;
BEGIN
Graphs.New(360, 300);
Graphs.Clear(Graphs.white);

(*Kernteil*)
 (*Prozentuale Torten-Teilung inkl. Schraffierung*)
Arc(200, 200, 95, Graphs.empty, 0, 56.97); x := 56.97;
Arc(200, 200, 95, Graphs.empty, x, x+18.45); x := x+18.45;
Arc(200, 200, 95, Graphs.empty, x, x+2.98); x := x+2.98;
Arc(200, 200, 95, Graphs.empty, x, x+9.56); x := x+9.56;
Arc(200, 200, 95, Graphs.grey25,x, x+12.03);x :=x+12.03;

8 Beispiele einfacher Graphik-Programme

(*Kreis zeichnen und Beschriftung*)
Graphs.Circle(Graphs.black, 200, 200, 95);
Graphs.LeftString(Graphs.black,150,90,"Weltguss-
produktion 1995 in %");
Graphs.LeftString(Graphs.black, 150,200,"GGL 57 %");
Graphs.LeftString(Graphs.black, 240, 175,"GGG18 % ");
Graphs.LeftString(Graphs.black, 305, 205,"TG 3 %");
Graphs.LeftString(Graphs.black, 230, 225,"Stahlguss
10 %");
Graphs.LeftString(Graphs.black, 200, 275,"Buntmetalle
12 %");
Graphs.LeftString(Graphs.black,205,265,"davon Al 8.2%");
(*Ende, Ausgabe und Programmende*)
Graphs.Show()
END Do;
END Torte 3.

3. Ergebnis (24. Graphik-Programm): Torte3.Do

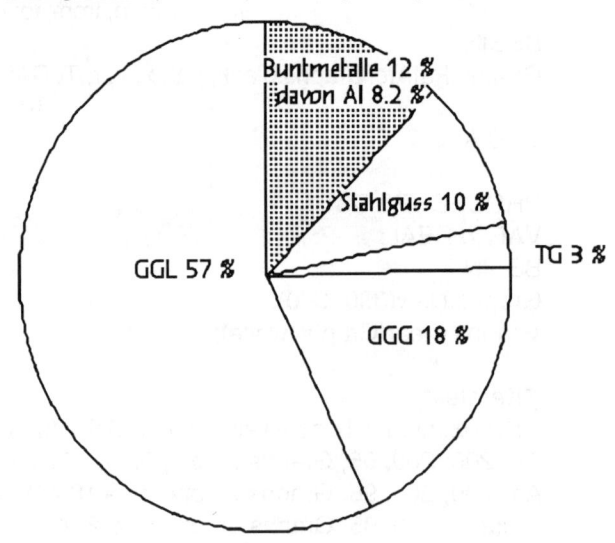

25. Graphik-Programm: Räuml. Torten-Graphik der schweiz. Erwerbstätigkeit 1995 (Torte3D)

1. Aufgabe: Schweizerische Erwerbstätigkeit im Jahre 1995 ist in räumlicher Torten-Graphik zu zeichnen.

2. Programm:
```
MODULE Torte3D;
(*Schweizerische Erwerbstätigkeit im Jahre 1995 ist in
  räumlicher Torten-Graphik zu zeichnen*)
IMPORT Math, Graphs;
CONST
X = 160; Y = 150;
A = 140; B = 50;
W = 320; H = 260;

PROCEDURE ToRAD(p: REAL): REAL; (*1. Hilfsproc.*)
BEGIN
RETURN (p/100.0)*2.0*Math.pi
END ToRAD;

PROCEDURE Arc(pat: Graphs.Pattern; x, y, a, b: INTEGER;
  from, to: REAL); (*2. Hilfsprocedur*)
VAR cos, sin: REAL; xf, yf, xt, yt, w, h, dsr: INTEGER;
BEGIN
sin := Math.sin(from); cos := Math.cos(from);
xf := x+SHORT(ENTIER(a*cos+0.5));
yf := y+SHORT(ENTIER(b*sin+0.5));
Graphs.Line(Graphs.black, x, y, xf, yf);
sin := Math.sin(to); cos := Math.cos(to);
xt := x+SHORT(ENTIER(a*cos+0.5));
yt := y+SHORT(ENTIER(b*sin+0.5));
Graphs.Line(Graphs.black, x, y, xt, yt);
a := (xf+xt) DIV 2; b := (yf+yt) DIV 2;
```

END Arc;

PROCEDURE Label(cap: ARRAY OF CHAR; x, y, a,
        b: INTEGER from, to: REAL); (*3. Hilfsprocedur*)
VAR cos, sin: REAL; xf, yf, xt, yt, w, h, dsr: INTEGER;
BEGIN
sin := Math.sin(from); cos := Math.cos(from);
xf := x+SHORT(ENTIER(a*cos+0.5));
yf := y+SHORT(ENTIER(b*sin+0.5));
sin := Math.sin(to); cos := Math.cos(to);
xt := x+SHORT(ENTIER(a*cos+0.5));
yt := y+SHORT(ENTIER(b*sin+0.5));
IF from > Math.pi THEN (* 2 vert. Linien*)
    Graphs.Line(Graphs.black, xf, yf, xf, yf-40)
END;
IF to > Math.pi THEN
    Graphs.Line(Graphs.black, xt, yt, xt, yt-40)
END;
from := (from+to) / 2.0;
a := 4*a DIV 5; b := 4*b DIV 5;
sin := Math.sin(from); a := x+SHORT(ENTIER(a*cos+0.5));
b := y+SHORT(ENTIER(b*sin+0.5));
Graphs.StringSize(cap, w, h, dsr);
a := a-(w DIV 2); b := b-(h DIV 2);
Graphs.FilledRect(Graphs.white, a, b, w, h);
Graphs.MiddleString(Graphs.black, a, b+dsr, cap)
END Label;

PROCEDURE Do*; (*letzte aufrufende Procedure*)
VAR x: REAL;
BEGIN
Graphs.New(W, H);
Graphs.Clear(Graphs.white);

(*Kernteil*)
    (*beide Ellipsen zeichnen*)
Graphs.Ellipse(Graphs.black, X, Y-40, A, B);

8 Beispiele einfacher Graphik-Programme

(*untere Ellipse zeichnen*)
Graphs.FilledRect(Graphs.white, X-A, Y-40, X+A, Y-40+B);
(*hintere Teil der unteren Ellipse weg*)
Graphs.Ellipse(Graphs.black, X, Y, A, B);
(*obere Ellipse zeichnen*)
Graphs.Line(Graphs.black, X-A, Y-40, X-A, Y);
(*Senkrechte links und rechts*)
Graphs.Line(Graphs.black, X+A, Y-40, X+A, Y);
(*Geraden auf der oberen Ellipse zeichnen*)
x := 0.0; Arc(Graphs.grey25, X,Y,A,B, ToRAD(x),
      ToRAD(4.1));
x := x+4.1; Arc(Graphs.grey50, X, Y, A, B, ToRAD(x),
      ToRAD(x+28.9));
x := x+28.9; Arc(Graphs.grey75, X, Y, A, B, ToRAD(x),
      ToRAD(x+13.6));
x := x+13.6; Arc(Graphs.grey75, X, Y, A, B, ToRAD(x),
      ToRAD(x+5.7));
x := x+5.7; Arc(Graphs.grey75, X, Y, A, B, ToRAD(x),
      ToRAD(x+5.8));
x := x+5.8; Arc(Graphs.grey75, X, Y, A, B, ToRAD(x),
      ToRAD(x+4.2));
x := x+4.2; Arc(Graphs.grey75, X, Y, A, B, ToRAD(x),
      ToRAD(x+37.7));
(*dritte Hilfsprozedur aufrufen*)
x := 0.0; Label("1", X, Y, A, B, ToRAD(x), ToRAD(4.1));
      x := x+4.1;
Label("2", X, Y, A, B, ToRAD(x), ToRAD(x+28.9));
      x := x+28.9;
Label("3a", X, Y, A, B, ToRAD(x), ToRAD(x+13.6));
      X:= x + 13.6;
Label("3b", X, Y, A, B, ToRAD(x), ToRAD(x+5.7));
      x := x+5.7;
Label("3c", X, Y, A, B, ToRAD(x), ToRAD(x+5.8));
      x := x+5.8;
Label("3d", X, Y, A, B, ToRAD(x), ToRAD(x+4.2));
      x := x+4.2;

(*dritte Hilfsprozedur aufrufen*)
x := 0.0; Label("1", X, Y, A, B, ToRAD(x), ToRAD(4.1));
                                             x := x+4.1;
Label("2", X, Y, A, B, ToRAD(x), ToRAD(x+28.9));
                                             x := x+28.9;
Label("3a", X, Y, A, B, ToRAD(x), ToRAD(x+13.6));
                                             X:= x + 13.6;
Label("3b", X, Y, A, B, ToRAD(x), ToRAD(x+5.7));
                                             x := x+5.7;
Label("3c", X, Y, A, B, ToRAD(x), ToRAD(x+5.8));
                                             x := x+5.8;
Label("3d", X, Y, A, B, ToRAD(x), ToRAD(x+4.2));
                                             x := x+4.2;
Label("3e", X, Y, A, B, ToRAD(x), ToRAD(x+37.7));
(*Beschriftung*)
Graphs.SetFont("Syntax10.Scn.Fnt");
Graphs.PatRect(Graphs.black, Graphs.grey25, 5, Y-53-B,
                                             5, 5);
Graphs.LeftString(Graphs.black, 15, Y-55-B, "1. Sektor");
Graphs.PatRect(Graphs.black, Graphs.grey50, 5, Y-73-B,
                                             5, 5);
Graphs.LeftString(Graphs.black, 15, Y-75-B, "2. Sektor");
Graphs.PatRect(Graphs.black, Graphs.grey75, 5, Y-93-B,
                                             5, 5);
Graphs.LeftString(Graphs.black, 15, Y-95-B, "3. Sektor");
Graphs.SetFont("Syntax12.Scn.Fnt");
Graphs.MiddleString(Graphs.black, W DIV 2, Y+B+10,
                                 "Erwerbstätigkeit 1995");

8 Beispiele einfacher Graphik-Programme

```
(*Ende*)
 (*Ausgabe*)
Graphs.Show()
 (*Programmende*)
END Do;
END Torte3D.
```

<u>3. Ergebnis</u> (25. Graphik-Programm):
Torte3D.Do

Erwerbstätigkeit 1995

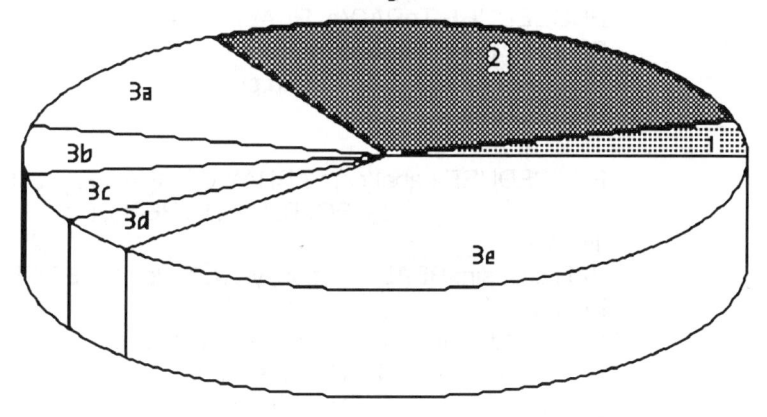

∷ 1. Sektor

※ 2. Sektor

   3. Sektor

8 Beispiele einfacher Graphik-Programme

26. Graphik-Programm: Räumliche Torten-Graphik der schweiz.Erwerbstätigkeit 1995, anders (Torte3D1).

1. Aufgabe: Schweizerische Erwerbstätigkeit 1995 ist in räumlicher Torten-Graphik anders zu zeichnen.

2. Programm:
```
MODULE Torte3D1;
(*Schweizerische Erwerbstätigkeit 1995 ist in räumlicher
 Torten-Graphik anders zu zeichnen*)
IMPORT Math, G := Graphs; CONST w = 320; h = 260;

PROCEDURE ToRAD(p: REAL): REAL;
BEGIN (*1.Hilfs-Procedure (HP)*)
RETURN (p/100.0)*2.0*Math.pi
END ToRAD;

PROCEDURE Label(cap: ARRAY OF CHAR;x, y, a, b:
                INTEGER; from, to: REAL); (*2.
 HP*)
VAR cos, sin: REAL; xf, yf, xt, yt, w, h, dsr: INTEGER;
BEGIN
sin := Math.sin(from); cos := Math.cos(from);
xf := x+SHORT(ENTIER(a*cos+0.5));
yf := y+SHORT(ENTIER(b*sin+0.5));
G.Line(G.black, x, y, xf, yf);
sin := Math.sin(to); cos := Math.cos(to);
xt := x+SHORT(ENTIER(a*cos+0.5));
yt := y+SHORT(ENTIER(b*sin+0.5));
(*G.Line(G.black, x, y,
xf := x + SHORT(ENTIER(a*cos+0.5));
yf := y + SHORT(ENTIER(b*sin+0.5));
sin := Math.sin(to); cos := Math.cos(to);
```

8 Beispiele einfacher Graphik-Programme

```
xt := x + SHORT(ENTIER(a*cos+0.5));
yt := y + SHORT(ENTIER(b*sin+0.5));
IF from > Math.pi THEN G.Line(G.black, xf, yf, xf, yf-40)
END;
IF to > Math.pi THEN G.Line(G.black, xt, yt, xt, yt-40)
END;
from := (from+to) / 2.0; a := 4*a DIV 5; b := 4*b DIV 5;
sin := Math.sin(from); cos := Math.cos(from);
a := x+SHORT(ENTIER(a*cos+0.5));
b := y+SHORT(ENTIER(b*sin+0.5));
G.StringSize(cap, w, h, dsr);
a := a-(w DIV 2); b := b-(h DIV 2);
G.FilledRect(G.white, a, b, w, h);
G.MiddleString(G.black, a, b+dsr, cap)
END Label;

PROCEDURE Do*; (*letzte aufrufende Procedure*)
VAR z : REAL; BEGIN
G.New(400, 390); G.Clear(G.white);

(*Kernteil*)
  (*beide Ellipsen zeichnen*)
G.Ellipse(G.black, 110, 200, 100, 50);    (*untere Ellipse*)
G.FilledRect(G.white, 10,200, 210, 250); (*hinterer Teil der
                                          unteren Ellipse weg *)
G.Ellipse(G.black, 110, 240, 100, 50); (*obere Ellipse*)
G.Line(G.black, 10, 200, 10, 240); (*Senkrechte links*)
G.Line(G.black,210,200,210, 240); (*Senkrechte rechts*)
  (*Gerade als prozentuale Teilung auf der oberen Ellipse
                                          zeichnen*)
z := 0.0; Label("1",110, 240, 100, 50, ToRAD(z),
                ToRAD(4.1)); z := 4.1;
```

8 Beispiele einfacher Graphik-Programme

```
Label("2",110, 240, 100, 50, ToRAD(z), ToRAD(z+28.9));
z := z+28.9;
Label("3a",110, 240, 100, 50, ToRAD(z),ToRAD(z+13.6));
 z := z+13.6;
Label("3b",110, 240, 100, 50, ToRAD(z),ToRAD(z+5.7));
z := z+5.7;
Label("3c",110, 240, 100, 50, ToRAD(z),ToRAD(z+5.8));
z := z+5.8;
Label("3d",110, 240, 100, 50, ToRAD(z),ToRAD(z+4.2));
z := z+4.2;
Label("3e",110, 240, 100, 50, ToRAD(z), ToRAD(100.0));
 (* Beschriftung *)
G.SetFont("Syntax10.Scn.Fnt");
G.MiddleString(G.black, 100, 130, " Schweiz. Erwerbstätig-
                                                keit 1995");
G.LeftString(G.black, 215, 280, " 1. Sektor: ");
G.LeftString(G.black, 225, 270, " Landwirtschaft (4.1 %)");
G.LeftString(G.black, 215, 250, " 2. Sektor: ");
G.LeftString(G.black, 225, 240, " Industrie, Gewerbe (28.9 % ");
G.LeftString(G.black, 215, 220, " 3. Sektor: ");
G.LeftString(G.black, 225, 210, " Dienstleistungen (67.0 %)");
G.LeftString(G.black, 225, 200, " 3a) Handel (13.6 %)");
G.LeftString(G.black, 225,190, " 3b) Banken, Versiche-
                                              rungen (5.7 %)");
G.LeftString(G.black, 225, 180, " 3c) Hotel, Restaurant 5.8 %)");
G.LeftString(G.black, 225, 170, " 3d) Öff. Verwaltung (4.2 %)");
G.LeftString(G.black, 225, 160, " 3e) Verschiedenes  (37.7 %)");
```

8 Beispiele einfacher Graphik-Programme

```
  (*Ende*)
   (*Ausgabe*)
  G.Show()
   (*Programmende*)
  END Do;
END Torte3D1.
```

3. Ergebnis (26. Graphik-Programm):

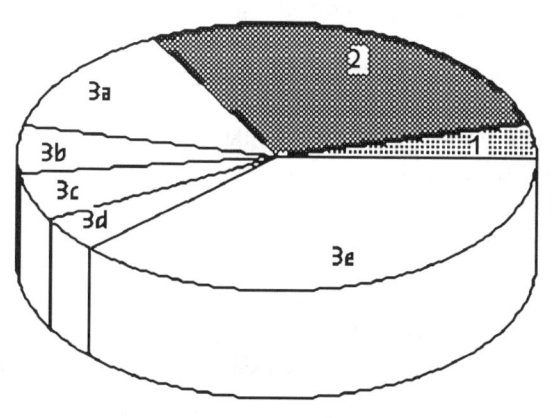

1. Sektor:
   Landwirtschaft (4.1 %)

2. Sektor:
   Industrie, Gewerbe (28.9 %)

3. Sektor:
   Dienstleistungen (67.0 %)
   3a) Handel (13.6 %)
   3b) Banken, Versicherungen (5.7 %)
   3c) Hotel, Restaurant (5.8 %)
   3d) Öff. Verwaltung (4.2 %)
   3e) Verschiedenes (37.7 %)

Schweiz. Erwerbstätigkeit 1995

8 Beispiele einfachrr Graphik-Programme

27. Graphik-Programm: Räuml. Torten-Graphik der:
schweiz.Erwerbstätigkeit 1996 (Torte6D1)

1. Aufgabe: Schweizerische Erwerbstätigkeit 1996 ist zu
programmieren.

2. Programm:
MODULE Torte6D1;
(*Schweizerische Erwerbstätigkeit 1996 ist zu
programmieren*)
IMPORT Math, G := Graphs; CONST w = 320; h = 260;

PROCEDURE ToRAD(p: REAL): REAL; BEGIN
RETURN (p/100.0)*2.0*Math.pi
END ToRAD;

PROCEDURE Label(cap: ARRAY OF CHAR; VAR pat:
         G.Pattern; x, y, a, b: INTEGER; from, to: REAL);
VAR cos, sin: REAL; xf, yf, xt, yt, w, h, dsr, aa, bb:
                                            INTEGER;
BEGIN
sin := Math.sin(from); cos := Math.cos(from);
xf := x+SHORT(ENTIER(a*cos+0.5));
yf := y+SHORT(ENTIER(b*sin+0.5));
G.Line(G.black, x, y, xf, yf);
sin := Math.sin(to); cos := Math.cos(to);
 xt := x+SHORT(ENTIER(a*cos+0.5));
yt := y+SHORT(ENTIER(b*sin+0.5));
G.Line(G.black, x, y, xt, yt);
sin := Math.sin(from); cos := Math.cos(from);
xf := x + SHORT(ENTIER(a*cos+0.5));
yf := y + SHORT(ENTIER(b*sin+0.5));
sin := Math.sin(to); cos := Math.cos(to);
xt := x + SHORT(ENTIER(a*cos+0.5));
 yt := y + SHORT(ENTIER(b*sin+0.5));

8 Beispiele einfacher Graphik-Programme

```
        IF from > Math.pi THEN G.Line(G.black, xf, yf, xf, yf-40)
        END;
        IF to > Math.pi THEN G.Line(G.black, xt, yt, xt, yt-40)
        END;
        aa := a; bb := b;
        IF ABS(to-from) < Math.pi THEN
        sin := Math.sin(from); cos := Math.cos(from);
        xf := x+SHORT(ENTIER(0.9*a*cos+0.5));
        yf := y+SHORT(ENTIER(0.9*b*sin+0.5));
        sin := Math.sin(to); cos := Math.cos(to);
        xt := x+SHORT(ENTIER(0.9*a*cos+0.5));
        yt := y+SHORT(ENTIER(0.9*b*sin+0.5));
        a := (xf+xt) DIV 2; bb := (yf+yt) DIV 2;
        G.PatFill(G.black, pat, aa, bb)
        ELSE
        aa := (xf+xt) DIV 2; bb := (yf+yt) DIV 2;
        G.PatFill(G.black, pat, aa-2*(aa-x), bb-2*(bb-y))
        END;
        from := (from+to) / 2.0; a := 4*a DIV 5; b := 4*b DIV 5;
        sin := Math.sin(from); cos := Math.cos(from);
        a := x+SHORT(ENTIER(a*cos+0.5));
        b := y+SHORT(ENTIER(b*sin+0.5));
        G.StringSize(cap, w, h, dsr);
        a := a-(w DIV 2); b := b-(h DIV 2);
        G.FilledRect(G.white, a, b, w, h);
        G.MiddleString(G.black, a, b+dsr, cap)
        END Label;
```

```
PROCEDURE Do*;
VAR z : REAL; BEGIN
G.New(400, 390); G.Clear(G.white);

(*Kernteil*)
(*beide Ellipsen zeichnen*)
G.Ellipse(G.black, 110, 200, 100, 50);   (*untere Ellipse*)
G.FilledRect(G.white, 10,200, 210, 250); (*hinterer Teil der
                                          unteren Ellipse weg*)
G.Ellipse(G.black, 110, 240, 100, 50); (*obere Ellipse*)
G.Line(G.black, 10, 200, 10, 240);  (*Senkrechte links*)
G.Line(G.black, 210, 200, 210, 240);(*Senkrechte rechts*)
  (*Gerade als prozentuale Teilung zeichnen*)
z := 0.0;
Label("1", G.grey25, 110, 240, 100, 50, ToRAD(z),
                                        ToRAD(4.5));
z := 4.5;
Label("2", G.grey50, 110, 240, 100, 50, ToRAD(z),
                                        ToRAD(z+27.8));
z := z+27.8;
Label("3a", G.empty, 110, 240, 100, 50, ToRAD(z),
                                        ToRAD(z+13.6));
 z := z+13.6;
Label("3b", G.empty, 110, 240, 100, 50, ToRAD(z),
                                        ToRAD(z+5.7));
z := z+5.7;
Label("3c", G.empty, 110, 240, 100, 50, ToRAD(z),
                                        ToRAD(z+5.5));
 z := z+5.5;
Label("3d", G.empty, 110, 240, 100, 50, ToRAD(z),
                                        ToRAD(z+4.6));
z := z+4.6;
Label("3e", G.empty, 110, 240, 100, 50, ToRAD(z),
                                        ToRAD(100);
```

8 Beispiele einfacher Graphik-Programme

```
(*Beschriftung *)
G.SetFont("Syntax10.Scn.Fnt");
G.MiddleString(G.black, 100, 130, " Schweiz. Erwerbs-
                                     tätigkeit 1996");
G.LeftString(G.black, 230, 280, " 1. Sektor: ");
G.LeftString(G.black, 240, 270, " Landwirtschaft (4.5 %)");
G.LeftString(G.black, 230, 250, " 2. Sektor: ");
G.LeftString(G.black, 240, 240, " Industrie, Gewerbe
                                     (27.8 %)");
G.LeftString(G.black, 230, 220, " 3. Sektor: ");
G.LeftString(G.black, 240, 210, " Dienstleistungen
                                     (67.7 %)");
G.LeftString(G.black, 240, 200, " 3a) Handel (13.6 %)");
G.LeftString(G.black, 240, 190, " 3b) Banken, Versiche-
                                     rungen (5.7 %)");
G.LeftString(G.black, 240, 180, " 3c) Hotel, Restaurant
                                     (5.5 %)");
G.LeftString(G.black, 240, 170, " 3d) Öff. Verwaltung
                                     (4.6 %)");
G.LeftString(G.black, 240, 160, " 3e) Verschiedenes
                                     (38.3 %)");

(*Ende*)
(Ausgabe*)
G.Show()
(*Programmende*)
END Do;
END Torte6D1.
```

8 Beispiele einfacher Graphik-Programme

3. Ergebnis (27. Graphik-Programm):
Torte6D1.Do

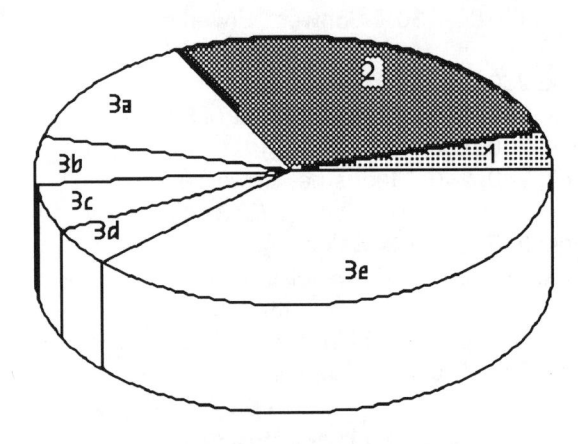

1. Sektor:
Landwirtschaft (4.5%)

2. Sektor:
Industrie, Gewerbe (27.8%)

3. Sektor:
Dienstleistungen (67.7%) :
3a) Handel (13.6%)
3b) Banken, Versicherungen (5.7%)
3c) Hotel, Restaurant (5.5%)
3d) Off. Verwaltung (4.6%)
3e) Verschiedenes (38.3%)

Schweizerische Erwerbstätigkeit 1996

8 Beispiele einfacher Graphik-Programme

28. Graphik-Programm: Balken-Diagramm-Beispiel
(Balken)

1.Aufgabe: Balken-Diagramm-Beispiel ist zu zeichnen.

2. Programm:
```
MODULE Balken;
(*Balken-Diagramm-Beispiel ist zu zeichnen*)
IMPORT Strings, Graphs;

PROCEDURE BarRect(VAR pat: Graphs.Pattern; x, y, w, h:
                                                INTEGER);
BEGIN
Graphs.PatRect(Graphs.black, pat, x, y, w, h);
Graphs.Rect(Graphs.black,  x, y, 1, h);
Graphs.Rect(Graphs.black, x+w, y, 1, h);
Graphs.Rect(Graphs.black, x,  y+h, w+1, 1)
END BarRect;

PROCEDURE Bar2D*;
VAR str: ARRAY 8 OF CHAR; i: INTEGER;
BEGIN
Graphs.New(300, 200);
Graphs.SetFont("Syntax10.Scn.Fnt");
Graphs.Clear(Graphs.white);

(*Kernteil*)
  (*beide Koordinaten zeichnen*)
Graphs.Line(Graphs.black, 30, 30, 290, 30);
Graphs.Line(Graphs.black, 30, 30, 30, 190);
  (*Balken mit Schraffierung zeichnen*)
BarRect(Graphs.empty, 30+0*50, 30, 50, 100);
BarRect(Graphs.grey25, 30+1*50, 30, 50, 120);
```

8 Beispiele einfacher Graphik-Programme

```
BarRect(Graphs.grey50, 30+2*50, 30, 50, 80);
BarRect(Graphs.grey75, 30+3*50, 30, 50, 130);
BarRect(Graphs.full, 30+4*50, 30, 50, 80);
  (*Beschriftung der Abszisse*)
Graphs.MiddleString(Graphs.black, 150,180, "Balken-
                                  Diagramm-Beispiel");
Graphs.MiddleString(Graphs.black, 30+0*50+25, 20,
                                  " Balken 1");
Graphs.MiddleString(Graphs.black, 30+1*50+25, 20,
                                  "Balken 2");
Graphs.MiddleString(Graphs.black, 30+2*50+25, 20,
                                  "Balken 3");
Graphs.MiddleString(Graphs.black, 30+3*50+25, 20,
                                  "Balken 4");
Graphs.MiddleString(Graphs.black, 30+4*50+25, 20,
                                  "Balken 5");
  (*Nummerierung der Ordinate*)
FOR i := 0 TO 6 DO
    Graphs.Line(Graphs.black, 25, 30+i*20, 30, 30+i*20);
    Strings.IntToStr(i*20, str);
    Graphs.RightString(Graphs.black, 25, 30+i*20, str)
END;

(*Ende*)
  (*Ausgabe*)
Graphs.Show()
  (*Programmende*)
END Bar2D;
END Balken.
```

8 Beispiele einfacher Graphik-Programme

<u>3. Ergebnis</u> (28. Graphik-Programm):
Balken.Bar2D

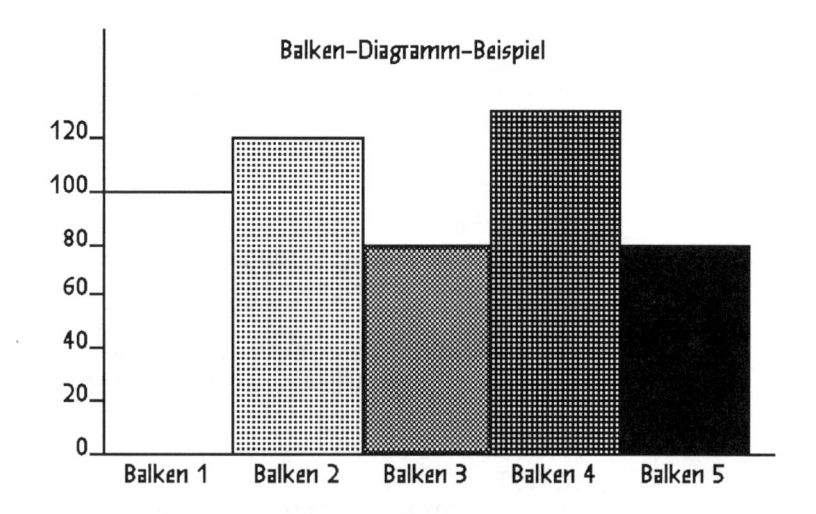

Balken-Diagramm-Beispiel

(Balken 1: 100, Balken 2: 120, Balken 3: 80, Balken 4: 130, Balken 5: 80)

29. Balken-Anwendung: Graphische Darstellung in Balkenform der Änderung der Graugusserzeugung von 1985 bis1995 in % verschiedener Länder und der Welt.

1. Aufgabe: Graphische Darstellung in Balkenform der Graugusserzeugung von 1985 bis1995 in % verschiedener Länder und der Welt.

2. Programm:
```
MODULE Balken1;
(*Balken-Anwendung: Graugusserzeugung-Änderung*)
IMPORT Strings, Graphs;
VAR
name: ARRAY 17 OF ARRAY 16 OF CHAR;
      wert: ARRAY 17 OF INTEGER;

PROCEDURE Show*;
CONST
W = 50+5*50+16; H = 292; h = 16; dh = 4;
VAR str: ARRAY 8 OF CHAR; i, y: INTEGER;
BEGIN
Graphs.New(360, 360);

(*Kernteil*)
  (*Viereck zeichnen*)
Graphs.FilledRect(Graphs.white, 0, 0, W, H);
Graphs.FilledRect(14, 0, 20, 50, H);
  (*Diagrammlinie bezeichnen*)
Graphs.Line(Graphs.black, 50, 20, W, 20); (*Waagrechte*)
Graphs.Line(Graphs.black,50, H-1, W, H-1); (*Senkrechte*)
  (*Beschriftung der Zeichnung*)
```

8 Beispiele einfacher Graphik-Programme

```
Graphs.LeftString(Graphs.black,50,H+10,"Graugusserzeu-
      gung der Länder (links) von1985 bis 1995 in %" ;
 (*Abszisse beschriften*)
FOR i := 0 TO 5 DO
  Strings.IntToStr(50+i*25, str);
  Strings.Append(str, "%");
  Graphs.MiddleString(Graphs.black, 50+i*50, 6, str);
  Graphs.Line(Graphs.black, 50+i*50, 20, 50+i*50, H);
END;
 (*Beschriftung und Schraffierung der waagrechten
                                              Balken*)
y := 20;
FOR i := 0 TO 16 DO
Graphs.RightString(Graphs.black, 46,y+dh,name[i]);
Strings.IntToStr(wert[i], str);
Strings.Append(str, "%");
IF wert[i] < 100 THEN
Graphs.PatRect(Graphs.black, Graphs.grey25, 50+
      (wert[i]-50)*2, y,  50+2*50-(50+(wert[i]-50)*2), h);
Graphs.Rect(Graphs.black, 50+(wert[i]-50)*2, y, 50+
                     2*50-(50+(wert[i]-50)*2), h);
Graphs.LeftString(Graphs.black, 50+2*50+2, y+4, str)
ELSE
Graphs.PatRect(Graphs.black, Graphs.grey25, 50+
                2*50, y, (wert[i]-100)*2, h);
Graphs.Rect(Graphs.black, 50+2*50, y, (wert[i]-100)*2, h);
Graphs.RightString(Graphs.black, 50+2*50-2, y+4, str)
END;
INC(y, h)
END;
```

8 Beispiele einfacher Graphik-Programme

```
    (*Ende*)
     (*Ausgabe*)
    Graphs.Show()
     (*Programmende*)
    END Show;

BEGIN (*Eingabe der Daten*)
        name[0] := "PL"; wert[0] := 49;
        name[1] := "CH"; wert[1] := 70;
        name[2] := "D"; wert[2] := 77;
        name[3] := "Russland"; wert[3] := 79;
        name[4] := "GB"; wert[4] := 84;
        name[5] := "S"; wert[5] := 102;
        name[6] := "A"; wert[6] := 105;
        name[7] := "E"; wert[7] := 105;
        name[8] := "F"; wert[8] := 105;
        name[9] := "N"; wert[9] := 107;
        name[10] := "Brasil"; wert[10] := 108;
        name[11] := "Japan"; wert[11] := 109;
        name[12] := "I"; wert[12] := 112;
        name[13] := "USA"; wert[13] := 116;
        name[14] := "Welt GGL"; wert[14] := 162;
        name[15] := "Welt GE"; wert[15] := 166;
        name[16] := "Welt GGG"; wert[16] := 178

    END Balken1.
```

8 Beispiele einfacher Graphik-Programme

3. Ergebnis (29. Graphik-Programm):

Graugusserzeugung-Änderung der Länder (links)
von 1985 bis 1995 in %

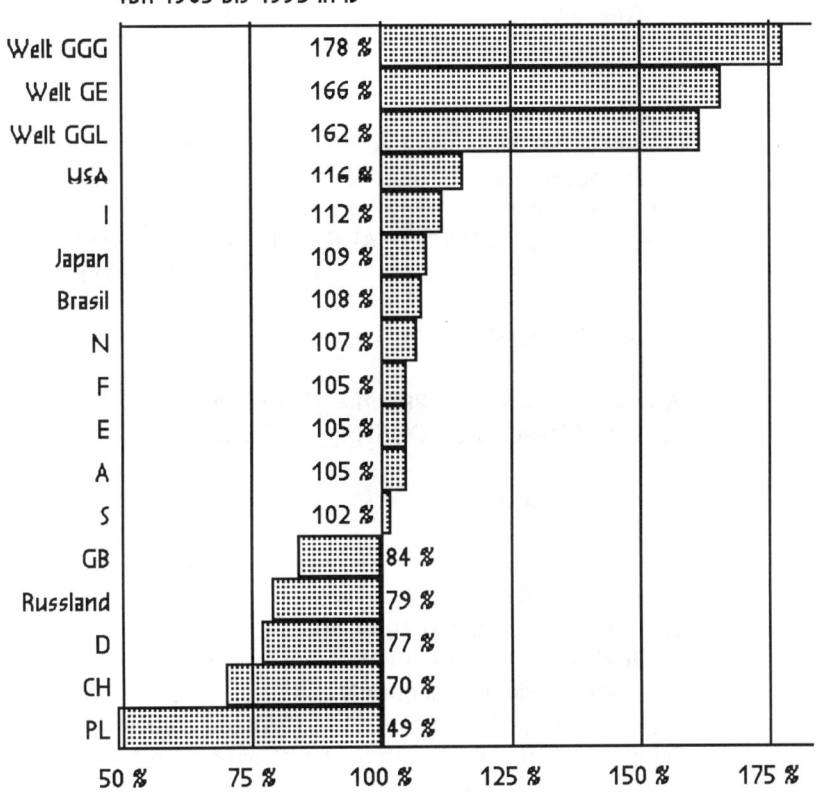

Land	%
Welt GGG	178 %
Welt GE	166 %
Welt GGL	162 %
USA	116 %
I	112 %
Japan	109 %
Brasil	108 %
N	107 %
F	105 %
E	105 %
A	105 %
S	102 %
GB	84 %
Russland	79 %
D	77 %
CH	70 %
PL	49 %

30. Graphik-Programm: Balken-Anwendung: Graugusserzeugung anders (Balken2)

1. Aufgabe: Graphik in Balkenform der Graugusserzeugung in 1995 in % von 1985 verschiedener Länder und der Welt, anders.

2. Programm:
MODULE Balken2;
(*Graphik der Graugusserzeugung in 1995 in % von 1985 verschiedener Länder und der Welt, anders *)
IMPORT Strings, G := Graphs;
VAR name: ARRAY 17 OF ARRAY 16 OF CHAR; wert:
                                     ARRAY 17 OF INTEGER;

PROCEDURE Show*;
CONST
W = 50+5*50+16; H = 292; h = 16; dh = 4;
VAR str: ARRAY 8 OF CHAR; i, y: INTEGER;
BEGIN
G.New(360,360);

(*Kernteil*)
  (*Viereck zeichnen*)
G.FilledRect(G.white, 0, 0, W, H);
G.FilledRect(14, 0, 20, 50, H);
  (*Diagrammlinien zeichnen*)
G.Line(G.black, 50, 20, W, 20);   (*Waagrechte*)
G.Line(G.black, 50, H-1, W, H-1); (*Senkrechte*)

8 Beispiele einfacher Graphik-Programme

```
(*Waagrechte beschriften*)
FOR i := 0 TO 5 DO
  Strings.IntToStr(50+i*25, str); Strings.Append(str, "%");
  G.MiddleString(G.black, 50+i*50, 6, str);
  G.Line(G.black, 50+i*50, 20, 50+i*50, H);
END;
(*Beschriftung und Schraffierung der waagrechten
                                              Balken*)
y := 20;
FOR i := 0 TO 16 DO
  G.RightString(G.black, 46, y+dh, name[i]);
  Strings.IntToStr(wert[i], str); Strings.Append(str, "%");
    IF wert[i] < 100 THEN
      G.PatRect(G.black, G.grey25, 50+(wert[i]-50)*2, y, 50+
                          2*50-(50+(wert[i]-50)*2), h);
      G.Rect(G.black, 50+(wert[i]-50)*2, y, 50+2*50-(50+
                          (wert[i]-50)*2), h);
      G.LeftString(G.black, 50+2*50+2, y+4, str)
    ELSE
      G.PatRect(G.black, G.grey25, 50+2*50, y, (wert[i]-
                          100)*2, h);
      G.Rect(G.black, 50+2*50, y, (wert[i]-100)*2, h);
      G.RightString(G.black, 50+2*50-2, y+4, str)
    END;
  INC(y, h)
END;
(*Beschriftung der Zeichnung*)
G.LeftString(G.black, 50, 302, "Graugusserzeugung in
          1995 in % von 1985 der Länder (links)");
```

(*Ende*)
 (*Ausgabe*)
G.Show()
 (*Programmende*)
END Show;

BEGIN (*eingegebene Daten*)
        name[0] := "PL"; wert[0] := 49;
        name[1] := "CH"; wert[1] := 70;
        name[2] := "D+DDR"; wert[2] := 77;
        name[3] := "Russland"; wert[3] := 79;
        name[4] := "GB"; wert[4] := 84;
        name[5] := "S"; wert[5] := 102;
        name[6] := "A"; wert[6] := 105;
        name[7] := "E"; wert[7] := 105;
        name[8] := "F"; wert[8] := 105;
        name[9] := "N"; wert[9] := 107;
        name[10] := "Brasil"; wert[10] := 108;
        name[11] := "Japan"; wert[11] := 109;
        name[12] :="I"; wert[12] :=112;
        name[13] := "USA"; wert[13] :=116;
        name[14] := "Welt GGL"; wert[4] :=162;
        name[15] := "Welt GE"; wert[15] := 166;
        name[16] := "Welt GGG"; wert[16] := 178

END Balken2.

8 Beispiele einfacher Graphik-Programme

3. Ergebnis (30. Graphik-Programm):
Balken2.Show

--- Input ---
Balken2.Show ~
--- Output ---

Graugusserzeugung in 1995 in % von 1985 der Länder (links)

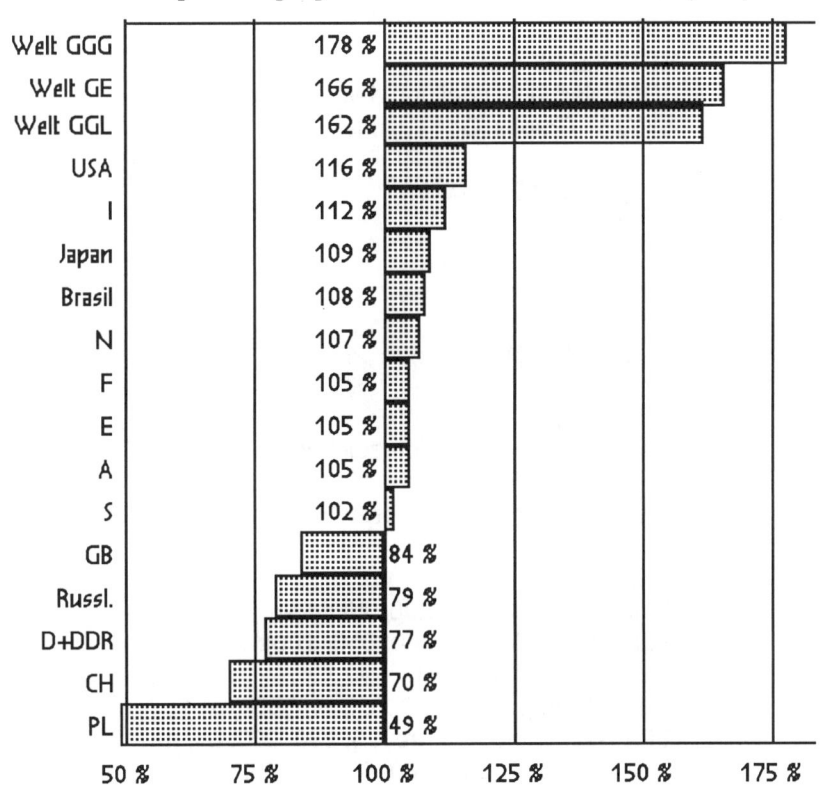

Land	%
Welt GGG	178 %
Welt GE	166 %
Welt GGL	162 %
USA	116 %
I	112 %
Japan	109 %
Brasil	108 %
N	107 %
F	105 %
E	105 %
A	105 %
S	102 %
GB	84 %
Russl.	79 %
D+DDR	77 %
CH	70 %
PL	49 %

8 Beispiele einfacher Graphik-Programme

31. Graphik-Programm: Balken-Anwendung: Bruttoinlandsprodukt versch. Länder (BIPG5).

1.Aufgabe: Balken-Anwendung: Graphik des Bruttoinlandsproduktes 1996 versch. Länder.

2. Programm:
```
MODULE BIPG5;
(*Graphische Darstellung des BIP 1996*)
IMPORT Graphs, G := Graphs;

PROCEDURE Show *;
CONST
h = 20;
VAR i: INTEGER;
BEGIN
G.New (400, 480);

(*Kernteil*)
  (*vier senkrechte Linien zeichnen*)
  FOR i := 1 TO 5 DO
     G.PatLine(G.black,G.grey75, 200+i*50,200,200+i*50,
                                                      400);
END;
G.Line(G.black, 200, 200, 200,400);
G.Line(G.black, 200, 200, 350, 200);
  (*Land, BIP, Viereck*)
G.RightString(G.black, 200, 205, "GB (19565)");
G.PatRect(G.black,G.grey25, 200, 200, 65, h);
G.Rect(G.black, 200, 200, 65, h); 200, 65, h);
G.RightString(G.black,200, 225, "I (21034)");
```

152

8 Beispiele einfacher Graphik-Programme

G.PatRect(G.black,G.grey25, 200, 220, 70, h);
G.Rect(G.black, 200, 220, 70, h);
G.RightString(G.black,200, 245, "NL (24551)");
G.Rect(G.black, 200, 240, 82,h);
G.PatRect(G.black,G.grey25, 200, 240, 82,h);
G.RightString(G.black, 200, 265, "F (26509)");
G.PatRect(G.black,G.grey25, 200, 260, 88, h);
G.Rect(G.black, 200, 260, 88, h);
G.RightString(G.black, 200, 285, "A (27350)");
G.PatRect(G.black,G.grey25, 200, 280,91, h);
G.Rect(G.black, 200, 280, 91, h);
G.RightString(G.black, 200, 305, "B (27362)");
G.PatRect(G.black,G.grey25, 200, 300, 92, h);
G.Rect(G.black, 200,300, 92, h);
G.RightString(G.black,200, 325, "USA (28424)");
G.PatRect(G.black,G.grey25, 200, 320,95, h);
G.Rect(G.black, 200, 320, 95, h);
G.RightString(G.black,200, 345, "D (28819)");
G.PatRect(G.black,G.grey25, 200, 340, 96, h);
G.Rect(G.black, 200, 340, 96, h);
G.RightString(G.black,200, 365, "Japan (36329)");
G.PatRect(G.black,G.grey25, 200, 360,121, h);
G.Rect(G.black, 200, 360, 121, h);
G.RightString(G.black,200, 385, "CH (41022)");
G.PatRect(G.black,G.grey25, 200, 380,136, h);
G.Rect(G.black, 200, 380, 136, h);
  (*Beschriftung *)
G.MiddleString(G.black, 200, 190, "0");
G.MiddleString(G.black, 250, 190, "15000");
G.MiddleString(G.black, 300,190, "30000");
G.MiddleString(G.black, 350, 190, "45000");
G.LeftString(G.black,145,170,"Bruttoinlandsprodukt 1996
    (Klammerdaten)   versch. Länder je Einwohner in US $");

8 Beispiele einfacher Graphik-Programme

```
(*Ende*)
 (*Ausgabe*)
G.Show ()
 (*Programmende*)
END Show;
END BIPG5.
```

<u>3. Ergebnis</u> (31. Graphik-Programm):
BIPG5.Show

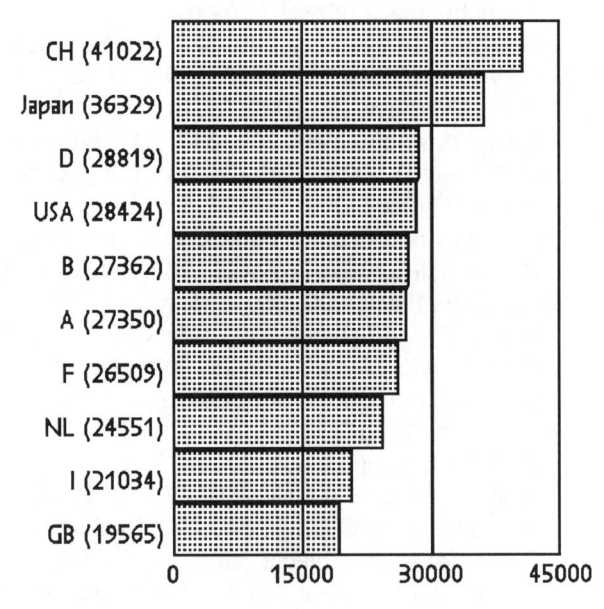

```
    CH (41022)  ▓▓▓▓▓▓▓▓▓▓▓▓▓
  Japan (36329) ▓▓▓▓▓▓▓▓▓▓▓▓
     D (28819)  ▓▓▓▓▓▓▓▓▓
   USA (28424)  ▓▓▓▓▓▓▓▓▓
     B (27362)  ▓▓▓▓▓▓▓▓▓
     A (27350)  ▓▓▓▓▓▓▓▓▓
     F (26509)  ▓▓▓▓▓▓▓▓
    NL (24551)  ▓▓▓▓▓▓▓▓
     I (21034)  ▓▓▓▓▓▓▓
    GB (19565)  ▓▓▓▓▓▓
                 0    15000   30000   45000
```

Bruttoinlandprodukt 1996 versch. Länder je Einw. in US-$.

8 Beispiele einfacher Graphik-Programme

32. Graphik-Programm: Balken-Anwendung: BIP
versch. Länder, neu (BIPG2).

1.Aufgabe: Balken-Anwendung: Graphik des BIP 1995
versch. Länder.

2. Programm:
MODULE BIPG2;
(*Graphische Darstellung des BIP 1995*)
IMPORT G := Graphs, Strings;
VAR bip: ARRAY 10 OF LONGINT; bipN: ARRAY 10 OF
ARRAY 8 OF CHAR;

PROCEDURE Show*;
CONST h = 20;
VAR str, nStr: ARRAY 32 OF CHAR;   i, x, y: INTEGER;
BEGIN
G.New(250, 270);

(*Kernteil*)
  (*Darstellung schraffierter Balken, BIP-Werte und Land-
  bezeichnungen*)
y := 50;
FOR i := 0 TO 9 DO
   COPY(bipN[i], str);
   Strings.Append(str, " (");
   Strings.IntToStr(bip[i], nStr);
   Strings.Append(str, nStr);
   Strings.Append(str, ")");
   G.RightString(G.black, 58, y+5, str);

8 Beispiele einfacher Graphik-Programme

```
    G.PatRect(G.black, G.grey25, 60, y,
        SHORT(ENTIER(bip[i]/300)), h);
    G.Rect(G.black, 60, y, SHORT(ENTIER(bip[i]/300)), h);
    INC(y, 20)
    END;
    (*4 senkrechte Linien zeichnen*)
    FOR i := 0 TO 3 DO
        x := 60+i*50; G.Line(G.black, x, 50, x, 250);
        Strings.IntToStr(LONG(i)*15000, str);
        G.MiddleString(G.black, x, 35, str)
    END;
    (*beide waagrechte Linien zeichnen*)
    G.Line(G.black, 60, 50, 210, 50);
    G.Line(G.black, 60, 250, 210, 250);
    (*Beschriftung der Zeichnung*)
    G.LeftString(G.black,10,15,"Bruttoinlandprodukt 1996
                    versch. Länder je Einw. in US-$.");

(*Ende*)
(*Ausgabe*)
G.Show()
(*Programmende*)
END Show;
END BIPG2.

BEGIN  (*eingegebene Daten*)
        bip[0] := 42944; bipN[0] := "CH";
        bip[1] := 40721; bipN[1] := "Japan";
        bip[2] := 29609; bipN[2] := "D";
        bip[3] := 29239; bipN[3] := "A";
        bip[4] := 27578; bipN[4] := "USA";
        bip[5] := 25646; bipN[5] := "NL";
        bip[6] := 18767; bipN[6] := "F";
        bip[7] := 18767; bipN[7] := "B";
```

8 Beispiele einfacher Graphik-Programme

```
        bip[8] := 19110; bipN[8] := "I";
        bip[9] := 18767; bipN[9] := "GB";
END BIPG2.
```

3. Ergebnis (32. Graphik-Programm):
BIPG2.Show

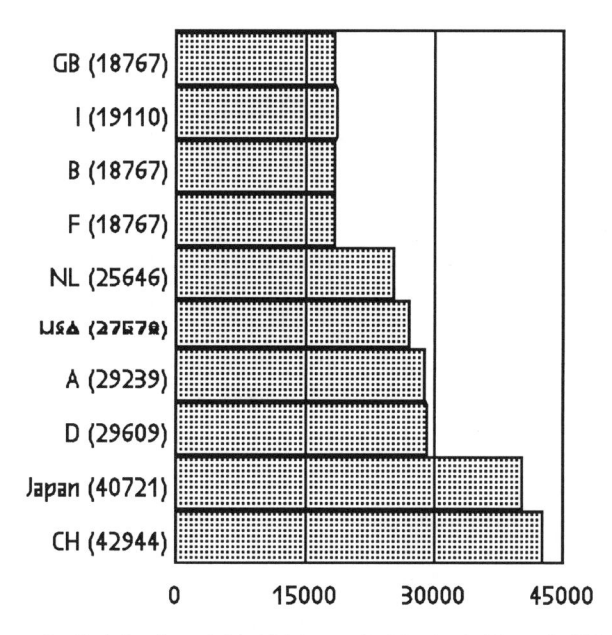

GB (18767)
I (19110)
B (18767)
F (18767)
NL (25646)
USA (27578)
A (29239)
D (29609)
Japan (40721)
CH (42944)

0   15000   30000   45000

Bruttoinlandprodukt 1996 versch. Länder je Einw. in US-$.

8 Beispiele einfacher Graphik-Programme

33. Graphik-Programm: Weltgussproduktion-Kurve
(NGJB)

1. Aufgabe: Zeichnung der jährlichen Weltgussproduktion
für 1987-1995

2. Programm:
MODULE NGJB;
(*Zeichnung der jährlichen Weltgussproduktion für
1987-1995*)
IMPORT Strings, G := Graphs;
VAR N,L, J, B: ARRAY 9 OF REAL;

PROCEDURE Scale(x: REAL): INTEGER;   (*erste Proc.*)
BEGIN
RETURN SHORT(ENTIER(30+x*3))
END Scale;

PROCEDURE Show*; (*zweite Procedure*)
VAR s: ARRAY 8 OF CHAR; vl, vr: REAL; xl, xr, i: INTEGER;
BEGIN
G.New(300, 250);

(*Kernteil*)
 (*zeichnen von 7 senkrechten Linien *)
 FOR i := 1 TO 7 DO
    G.PatLine(G.black, G.grey50, 30+i*30, 30, 30+i*30,
                                                240);
 END;

8 Beispiele einfacher Graphik-Programme

```
(*zeichnen von 6 waagrechten Linien*)
FOR i := 1 TO 6 DO
   G.PatLine(G.black, G.grey50, 30, 30+i*30, 270,
                                      30+i*30);
END;
G.Line(G.black, 30, 30, 270, 30); G.Line(G.black,
                                      30, 30, 30, 240);
(*einzeichnen Senkrechte-Zahlen*)
FOR i := 1 TO 7 DO
   Strings.IntToStr(i*10, s); G.LeftString(G.black, 17,
                                      30+i*30-4, s);
END;
(*Jahreszahlen 1987-95 einzeichnen*)
FOR i := 0 TO 8 DO
   Strings.IntToStr(1987+i, s);
   G.MiddleString(G.black, 30+i*30, 18, s);
END;
G.Line(G.black, 30, 240, 270, 240);
G.Line(G.black, 270, 30, 270, 240);
(*4 Kurven nach eingegebenen Daten zeichnen*)
FOR i := 1 TO 8 DO
   xl := 30+(i-1)*30; xr := 30+i*30;vl := N[i-1]; vr := N[i];
   G.Line(G.black, xl, Scale(vl), xr, Scale(vr));vl := vl+L[i-1];
                                      vr := vr+L[i];

G.Line(G.black, xl, Scale(vl), xr, Scale(vr));vl := vl+J[i-1];
                                      vr := vr+J[i];

G.Line(G.black, xl, Scale(vl), xr, Scale(vr));vl := vl +B[i-1];
                                      vr := vr + B[i];

   G.Line(G.black, xl, Scale(vl), xr, Scale(vr))
END;
```

8 Beispiele einfacher Graphik-Programme

```
    (*Beschriftung der Zeichnung*)
G.LeftString(G.black,75,5,"senkrecht Weltproduktion in
                                              Mill. Jato" );
G.LeftString(G.black,150,45,"GGG"); G.LeftString(G.black,
                                            150,100, "GGL");
G.LeftString(G.black,210,190,"Stahlguss");
G.LeftString(G.black,210,210,"Buntmetalle");

(*Ende*)
  (*Ausgabe*)
G.Show()
  (*Programmende*)
END Show;

BEGIN   (*eingegebene Daten*)
     N[0] := 7.789; L[0] := 27.799; J[0] := 4.440; B[0] := 5.295;
     N[1] := 8.686; L[1] := 30.565; J[1] := 5.169; B[1] := 5.062;
     N[2] := 9.376; L[2] := 28.559; J[2] := 5.162; B[2] := 5.661;
     N[3] := 9.148; L[3] := 44.070; J[3] := 4.960; B[3] := 4.985;
     N[4] := 10.033; L[4] := 27.553; J[4] := 4.657; B[4] := 5.591;
     N[5] := 10.569; L[5] := 38.248; J[5] := 4.376; B[5] := 5.958;
     N[6] := 10.579; L[6] := 39.463; J[6] := 7.084; B[6] := 7.394;
     N[7] := 11.468; L[7] := 38.906; J[7] := 6.169; B[7] := 7.783;
     N[8] := 12.854; L[8] := 39.690; J[8] := 6.661; B[8] := 8.383;

END NGJB.
```

8 Beispiele einfacher Graphik-Programme

3. Ergebnis (33. Graphik-Programm):

NGJB.Show

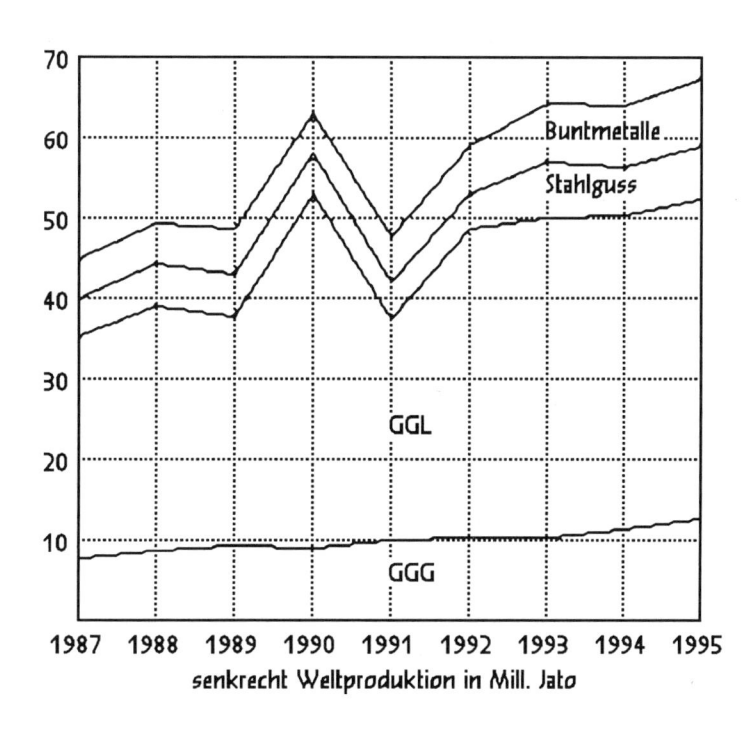

8 Beispiele einfacher Graphik-Programme

34. Graphik-Programm: Weltgussproduktion-Kurve, anders (NGJB1)

1. Aufgabe: Zeichnung der jährlichen Weltgussproduktion für 1987-1995, anders.

2. Programm:
MODULE NGJB1;
IMPORT Strings, Graphs, G := Graphs;
(*Zeichnung der jährlichen Weltgussproduktion für
  1987-1995, anders*)
VAR N,L, J, B: ARRAY 9 OF REAL;

PROCEDURE Show*;
VAR s: ARRAY 8 OF CHAR; vl, vr: REAL; xl, xr, i:
                                          INTEGER;

PROCEDURE Scale(x: REAL): INTEGER;
BEGIN
RETURN SHORT(ENTIER(30+x*3))
END Scale;

BEGIN
G.New(300, 250);

(*Kernteil*)
  (*zeichnen 7 senkrechter Linien*)
  FOR i := 1 TO 7 DO
      G.PatLine(G.black, G.grey50, 30+i*30, 30, 30+i*30,
                                                    240);
END;
  (*zeichnen 6 waagrechter Linien*)
  FOR i := 1 TO 6 DO
      G.PatLine(G.black, G.grey50, 30, 30+i*30, 270,
                                              30+i*30);
  END;

162

8 Beispiele einfacher Graphik-Programme

```
G.Line(G.black, 30,30, 270, 30);
G.Line(G.black, 30,30,30, 240);
  (*4 Kurven nach eingegebenen Daten zeichnen*)
  FOR i := 1 TO 8 DO
    xl := 30+(i-1)*30; xr := 30+i*30; vl := N(i-1); vr := N(i);
    G.Line(G.black,xl,Scale(vl),xr, Scale (vr));
    vl := vl+L(i-1); vr := vr+L(i);
    G.Line(G.black,xl,Scale(vl),xr, Scale (vr));
    vl := vl+J(i-1); vr := vr + J(i);
    G.Line(G.black,xl,Scale(vl),xr, Scale (vr));
    vl := vl+B(i-1); vr := vr+B(i);
    G.Line(G.black,xl,Scale(vl),xr, Scale (vr));
  END;
  (*Beschriftung der Zeichnung*)
  G.LeftString(G.black, 70,5, "senkrecht Weltgussproduktion
                                                 in Mill. Jato ");
  G.LeftString(G.black,150, 45, "GGG");
  G.LeftString(G.black, 150, 100, "GGL");
  G.LeftString(G.black, 210, 190, "Stahlguss");
  G.LeftString(G.black, 210, 210, "Buntmetalle");

  (*Ende*)
  (*Ausgabe*)
  G.Show()
  (*Programmende*)
END Show;

BEGIN (*eingegebene Daten*):
  N[0] := 7.789; L[0] := 27.799; J[0] := 4.440; B[0] := 5.295;
  N[1] := 8.686; L[1] := 30.565; J[1] := 5.169; B[1] := 5.062;
  N[2] := 9.376; L[2] := 28.559; J[2] := 5.162; B[2] := 5.661;
  N[3] := 9.148; L[3] := 44.070; J[3] := 4.960; B[3] := 4.985;
  N[4] :=10.033; L[4] := 27.553; J[4] := 4.657; B[4] :=
                                                      5.591;
```

8 Beispiele einfacher Graphik-Programme

N[5] := 10.569; L[5] := 38.248; J[5] := 4.376; B[5] := 5.958;
N[6] := 10.579; L[6] := 39.463; J[6] := 7.084; B[6] := 7.394;
N[7] := 11.468; L[7] := 38.906; J[7] := 6.169; B[7] := 7.783;
N[8] := 12.854; L[8] := 39.690; J[8] := 6.661; B[8] := 8.383;

END NGJB1.

3. Ergebnis (34. Graphik-Programm):
   NGJB1.Show

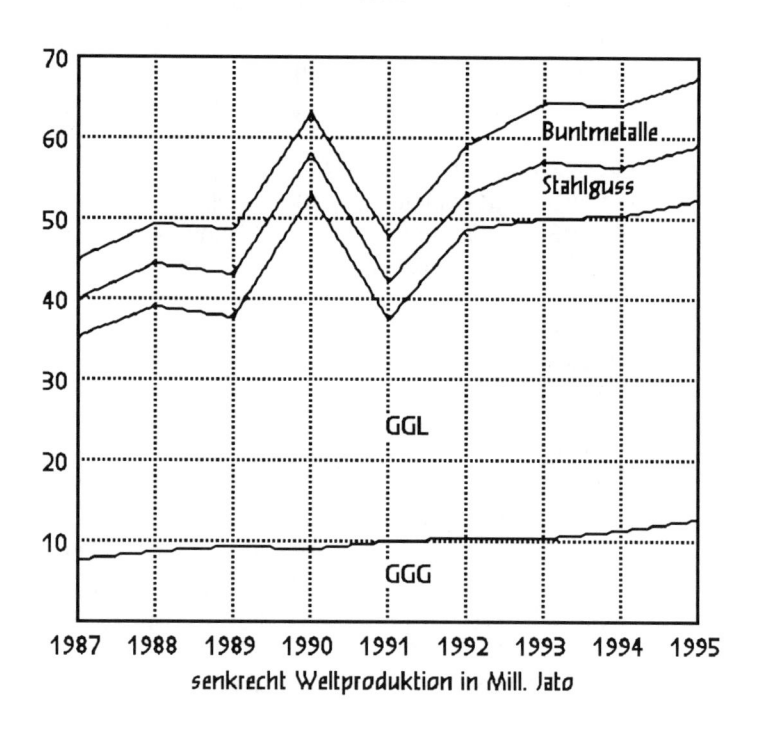

senkrecht Weltproduktion in Mill. Jato

8 Beispiele einfacher Graphik-Programme

35. Graphik-Programm: Zeitprogramm, einfach (Task)

1. Aufgabe: Es ist ein Programm zur Zeitmessung als Grundlage jedes Messvorganges zu machen.

2. Programm:
MODULE Task;
(*Ein Zeitintervall-Programm ist zu machen*)
IMPORT Modules, Input, Texts, Oberon, Out;
CONST
TimeStep = 50; (*in ms*) (*beliebige Zeitintervalle, wie
 0.5,1,2 Sek. oder 1,50,100 ms*)
VAR T: Oberon.Task;i: LONGINT;log: Texts.Text;

PROCEDURE *Handler(me: Oberon.Task); (*erste
 Procedure für Programmsteuerung*)
VAR olog: Texts.Text;
BEGIN
olog := Oberon.Log; Oberon.Log := log;
Out.Int(i, 0); Out.Char(" ");
INC(i, TimeStep);
IF (i MOD (10*TimeStep)) = 0 THEN Out.Ln() END;
Oberon.Log := olog;
me.time := Input.Time()+TimeStep
END Handler;

PROCEDURE Start*; (*zweite Procedure für Zeit-Start*)
BEGIN
IF T = NIL THEN
    NEW(T); i := 0; log := Oberon.Log;
    T.safe := FALSE; T.time := Input.Time(); T.handle :=
 Handler;
    Oberon.Install(T)
END

8   Beispiele einfacher Graphik-Programme

END Start;

PROCEDURE Stop*; (*dritte Procedure für Zeit-Stop*)
BEGIN
IF T # NIL THEN
    Oberon.Remove(T); T := NIL
END
END Stop;

BEGIN
T := NIL;
Modules.InstallTermHandler(Stop)
END Task.

3. Ergebnis (35. Graphik-Programm) : Um Ergebnis zu
            erhalten ist "Task.Start" und am Ende
            "Task.Stop" mit Taste zu aktivieren
              (s. Linie unterhalb).

   --- Input ---
   Task.Start ~
   Task.Stop   ~

   --- Output ---
              0 50 100 150 200 250 300 350 400 450
              500 550 600 650 700 750 800

8 Beispiele einfacher Graphik-Programme

36. Graphik-Programm: Zeitprogramm, Anwendung
(MODULE Uhr)

1. Aufgabe: Zu zeichnen ist eine Uhr mit Zeiger, der sich nach Start bis Stop bewegt.

2. Programm:
MODULE Uhr;
(*Zu zeichnen ist eine Uhr mit Zeiger, der sich nach Start bis Stop bewegt.*)
IMPORT Modules, Math, Display, Graphs, Input, Oberon;
VAR T: Oberon.Task; s: LONGINT;

PROCEDURE DrawZeiger(col: INTEGER);
VAR phi, sin, cos: REAL; x, y: INTEGER;
BEGIN
phi := (s MOD 60)*2.0*Math.pi / 60.0; sin := Math.sin(phi);
cos := Math.cos(phi);
x := 55+SHORT(ENTIER(45*sin));
y := 55+SHORT(ENTIER(45*cos));
Graphs.Line(col, 55, 55, x, y);
phi := ((s-2) MOD 60)*2.0*Math.pi / 60.0;
sin := Math.sin(phi); cos := Math.cos(phi);
Graphs.Line(col, 55+SHORT(ENTIER(40*sin)), 55+
            SHORT(ENTIER (40*cos)), x, y);
phi := ((s+2) MOD 60)*2.0*Math.pi / 60.0;
sin := Math.sin(phi); cos := Math.cos(phi);
Graphs.Line(col, 55+SHORT(ENTIER(40*sin)), 55+
            SHORT(ENTIER (40*cos)), x, y);
END DrawZeiger;

```
PROCEDURE *Zeiger(me: Oberon.Task);
BEGIN
me.time := me.time+Input.TimeUnit;
DrawZeiger(Graphs.white); INC(s);
DrawZeiger(Graphs.black); Graphs.Show()
END Zeiger;

PROCEDURE Start*;
BEGIN
IF T # NIL THEN
    Oberon.Remove(T)
END;
NEW(T); T.handle := Zeiger; T.safe := FALSE;
T.time := Oberon.Time(); Oberon.Install(T)
END Start;

PROCEDURE Stop*;
BEGIN
IF T # NIL THEN
    Oberon.Remove(T); T := NIL
END
END Stop;

PROCEDURE Init();
VAR phi, sin, cos: REAL; i: LONGINT;
BEGIN
s := 0;
Graphs.NewDoc("Uhr", Display.Width DIV 2, 110);
Graphs.Circle(Graphs.black, 55, 55, 50);
FOR i := 0 TO 11 DO
    phi := i*5.0*2.0*Math.pi / 60.0; sin := Math.sin(phi);
    cos :=  Math.cos(phi);
```

8 Beispiele einfacher Graphik-Programme

```
        Graphs.Line(Graphs.black,55+SHORT(ENTIER(45*sin)),
                           55+SHORT(ENTIER(45*cos)),
                           55+SHORT(ENTIER(55*sin)), 55+
                               SHORT(ENTIER(55*cos)));
    END;
    DrawZeiger(Graphs.black);
    Graphs.Show()
  END Init;

BEGIN
  Modules.InstallTermHandler(Stop);Init()
END Uhr.
```

        Uhr.Start
        Uhr.Stop
        System.Free Uhr ~
        --- Input ---
        Uhr.Start ~
        Uhr.Stop ~
       --- Output ---

3. Ergebnis (36. Graphik-Programm):

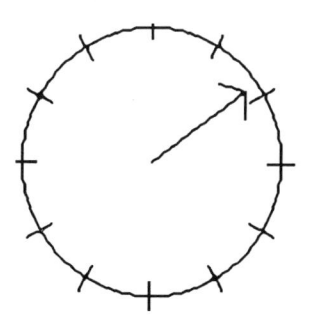

169

9 Bezugsquelle von OBERON-System3

Das Oberon-System mit Compiler und mit allen Programmen des Buches ist kostenlos erhältlich. Es kann entweder aus dem Internet geholt werden oder als Disketten/CD-ROM (gegen Gebühr) angefordert werden.

Oberon aus dem Internet

http://www.oberon.ethz.ch/system3/Leitfaden/

Oberon auf Diskette/CD-ROM

Oberon kann auf Disketten oder CD-ROM gegen eine Gebühr von 50 sFr. von folgender Adresse bezogen werden:

Emil Zeller
Institut für Computersysteme
ETH Zentrum
CH-8092 Zürich

Bitte geben Sie die gewünschte Rechnerversion und den Datenträgertyp an. Folgende Versionen stehen zur Verfügung:

Oberon für Windows 3.1 und 3.11
Oberon für Windows 95, 98 und NT
Oberon für Linux
Oberon für Macintosh (68000)
Oberon für Macintosh (PPC)
Native PC-Oberon

10 Schrifttum und Tabellen

[1] N. Wirth, Algorithmen und Datenstrukturen,
     Verlag Teubner, Stuttgart 1979 (s.S.11)
[2] N. Wirth, Systematisches Programmieren, Verlag
     Teubner, Stutgart 1978
[3] M.Reiser,N. Wirth, Programmieren in OBERON (Das
     neue Pascal), Addison-Wesley GmbH, 1994
[4] G. Polya, How to solve it, Princeton University Press
     G. Polya, Schule des Denkens, Vom Lösen mathematischer Probleme, Francke Verlag Bern, 1949
[5] Die Zukunft beginnt im Kopf. Hochschulverlag an
     der ETH Zürich. 1994.

Tabellen-Verzeichnis

Tabelle 1. Mac-OBERON-System3-Arbeitsfläche; linker Teil, d.h. leere Fläche für Programme.

Tabelle 2. Mac-OBERON-System3-Arbeitsfläche; rechter Teil, oben mit Angaben über OBERON-System3-Version 1.5, und unten mit OBERON-System3-Befehlen (OSB); statt (ctrl)-Taste bei PC (MM) der Maus.

Tabelle 3. OBERON-System3-Programm-Muster (OSPM) gewöhnlicher Programme.

Tabelle 4. OBERON-System3-Programm-Muster (OSPM) der Graphik-Programme.

Tabelle 5. Math-OBERON-System3-Definitionen..

Tabelle 6. Graph-OBERON-System3-Definitionen.

Tabelle 7. Einige Programmierungshilfen.

Tabelle 8. Einige wichtige OBERON -Ausdrücke

10 Tabellen

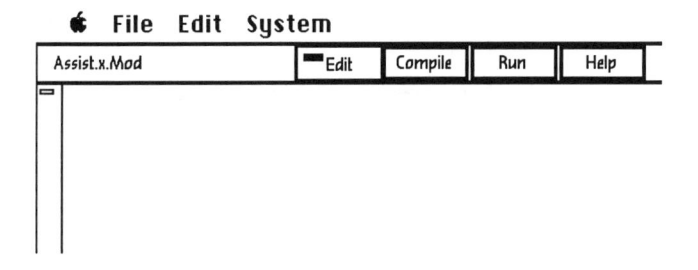

Tabelle 1. Mac-OBERON-System3-Arbeitsfläche (User-Track), nur oberer Teil, unten z.Zt. leer, für Programme.

 File   Edit   System

Assist.x.Mod	▀Edit	Compile	Run	Help

10 Tabellen

Tabelle 2. Mac-OBERON-System3-Arbeitsfläche; rechter Teil, oben mit Angaben über OBERON-System3-Version 1.5, und unten mit OBERON-System3-Befehlen (OSB). Bei Macintosh (ctrl)-Taste und bei PC (MM) der Maus.

```
| System.Log        | Close | Copy | Grow | Docs.Lo |

Welcome to MacOberon System 3 R2.1 / mf, tk 25.10.9
Motorola 680x0 Version
System.Time 25.06.97 10:54:47
Oberon Module Interchange (OMI) / mf, tk 9.7.96
Configuration loaded


| Assist.Help.Text  | Close | Copy | Grow | Docs.Se |

OBERON System 3 - Befehle (OSB):
1. Neues Programm: (ctrl)
       [            ]   x = Module-Name
    bestehendes Programm laden: (ctrl)
       Ad.Mod
       Ad2.Mod
       Adressen.Text
       BIP3.Mod
2. Mit Stern markierten Text ausdrucken (ctrl)
   2.b. Progammtext & Ergebisse ausdrucken (ctrl)
3. Programmtext speichern: (ctrl)
       Auf Diskette  [ ]      [■] Auf Hard Disk
4. Diskette-Inhalt ansehen (ctrl)
5. Hard Disk-Inhalt ansehen (ctrl)
       Filter  [ *.Mod        ]
6. Oberon beenden (ctrl)
```

Tabelle 3. OBERON-System3-Programm-Muster (OSPM) gewöhnlicher Programme.

```
MODULE x; (*x = MODULE-Name*): (*...*)-Erklärungen,
                                 Programm nicht beeinflussend)
(*Problemstellung hier.*)
IMPORT In, Out;

PROCEDURE y*;
(*Lokale Variablen hier.*)
VAR i: INTEGER; r: REAL;
BEGIN
(*Initialisieren von Eingabe.*)
In.Open;
(*Eingabe einlesen.*)
In.Int(i); (*INTEGER Zahl einlesen.*)
In.Real(r); (*REAL Zahl einlesen.*)
(*Algorithmus, d.h. Gleichung bzw. Berechnung*)
i := 0; (*Zuweisung.*)
WHILE i < 10 DO (*WHILE-Schleife*)
   i := i + 1
END;
REPEAT (*REPEAT-Schleife*)
   i := i + 1
UNTIL i = 0;
FOR i := 0 TO 10 DO (*FOR-Schleife*)
END;
IF i = 0 THEN
ELSE
END;
(*Ende*)
  (*Ausgabe*)
Out.String(" i = ");  (*String-Wert ausgeben.*)
Out.Int(i, 0); (*INTEGER-Wert ausgeben.*)
Out.Ln;  (*Neue Zeile ausgeben.*)
END y; (*y =PPROCEDURE-Name*)
END x. (*x = MODULE-Name*)
```

Tabelle 4. OBERON-System3-Programm-Muster
(OSPM) der Graphik-Programme.

MODULE GraphMuster;
(*Problem: Graphik-Muster-Programm mit Anleitungen, um
  damit fehlerfreie Graphik-Programme zu verwirklichen*)
IMPORT Graphs;

PROCEDURE Zeichnen*;
BEGIN
Graphs.New(256, 256);
Graphs.Clear(Graphs.white); (* Ganze Zeichenfläche mit
                              weißer Farbe füllen *)
(*Kernteil*)
  (*Linie zeichnen*)
Graphs.Line (Graphs.black, 0,0,256,256); (*Linie bei 0,0
                              beginnen und bis 256, 256 ziehen*)
  (*Bezeichnung einfügen *)
Graphs.LeftString(Graphs.black, 20,20,"Linksbündiger
                              Text");
Graphs.MiddleString(Graphs.black, 128, 4+20, "Zentrierter
                              Text");
Graphs.RightString(Graphs.black, 256-4, 4+20+20,
                              "Rechtsbündiger Text");
(*Ende*)
  (*Ausgabe der Ergebnisse*)
Graphs.Show()
  (*Programmende*)
END Zeichnen;
END GraphMuster.

Tabelle 5. Math-OBERON-System3-Definitionen

DEFINITION Math:

CONST
e*= 2.7182817E+00;
pi*= 3.1415927E+00;

Math.arctan*(x: REAL): REAL; (*Arctanges-Beziehung*)
Math.cos*(x: REAL): REAL   (*Cosinus-Beziehung*)
Math. exp*(x: REAL): REAL; (*Logarithmus-Exponential-
                                      Beziehung*)
Math. ln*(x: REAL): REAL; (*Logarithmus-naturalis-Bezie-
                                      hung*)
Math. sin*(x: REAL): REAL; (*Sinus-Beziehung*)
Math. sqrt*(x: REAL): REAL; (*Quadratwurzel-Bezie-
                                      hung*)

END Math.

Tabelle 6. Graph-OBERON-System3-Definitionen

DEFINITION Graphs;

TYPE
Pattern*=RECORD
  pat*: ARRAY 32 OF SET;
END;
VAR
black*: INTEGER;
blue*: INTEGER;
empty*: Pattern;
full*: Pattern;
green*: INTEGER;
grey*: INTEGER;
grey25*: Pattern;
grey50*: Pattern;
grey75*: Pattern;
red*: INTEGER;
white*: INTEGER;

Arc*(col, X, Y, r: INTEGER; beg, end: REAL; closed, filled:
                                                BOOLEAN);
Circle*(col, X, Y, r: INTEGER); (*Kreis: X,Y - Mitte, r - Radius*)
Clear*(col: INTEGER); (*ganze Fläche mit einer Farbe*)
Ellipse*(col, X, Y,a, b: INTEGER); (*Ellipse: col-Farbe vom
        Rand; X, Y - Mitte; a -Waagrechte bis Rand; b - Senk-
        rechte bis Rand*)
Fill*(col, X, Y: INTEGER); (*Füllen mit Farbe*)
FilledRect*(col, x, y, w, h: INTEGER); (*Ausgefülltes Recht-
        eck: x, y: linker unterer Wert; w - Breite; h - Höhe*)
LeftString*(col, x, y: INTEGER; s: ARRAY OF CHAR); (* links-
        bündiger Text: col-Sollfarbe; x,y - Beginn links *)
Line*(col, X, Y, X1, Y1: INTEGER); (* Linie: X,Y - Beginn;
        X1, Y1 - Ende *)

MiddleString*(col, x, y: INTEGER; s: ARRAY OF CHAR);
  (*Zentrale Text: x, y - Mitte*)
New*(w, h: INTEGER); (*Zeichenfläche: w - Waagrechte;
  h - Höhe*)
NewDoc*(title: ARRAY OF CHAR; w, h: INTEGER);
PatArc*(col: INTEGER, VAR pat: Pattern; X, Y, r: INTEGER;
  beg. end REAL); (*Kreisbogen: X,Y-Mitte; r-Radius;
  beg-Anfang und Ende von Winkel, im Bogenmass*)
PatCircle*(col: INTEGER; VAR pat: Pattern; X, Y, r:
  INTEGER); (*Ausgefüllter Kreis mit Farbe (siehe
  oben); X,Y- Mitte; r-Radius; *)
PatFill*(col: INTEGER; VAR pat: Pattern; X, Y: INTEGER);
  (*Fläche mit Muster ausfüllen: col-Farbe; pat-
  Muster;*)
PatLine*(col: INTEGER; VAR pat: Pattern; X, Y, X1,Y1;
  INTEGER; (* Linie mit Muster ausfüllen: col-Farbe;
  pat-Muster; X,Y-Anfang; X1,Y1-Ende; *)
PatPoint*(col: INTEGER; VAR pat: Pattern; x, y: INTEGER);
  (*Punkt mit Muster: col-Farbe; pat- Muster;
  x,y - Punkt;*)
PatRect*(col: INTEGER; VAR pat: Pattern; x, y, w, h:
  INTEGER); (* Rechteck mit Muster: col-Farbe;
  pat-Muster; x,y links, unten; w-Breite; h-Höhe;*)
Point*(col, x, y: INTEGER); (*Punkt, ein Pixel: col-Farbe;
  x,y-Punkt;*)
Rect*(col, x, y, w, h: INTEGER); (*Rechteck: col-Farbe;
  x,y-Punkt;*)
RightString*(col, x, y: INTEGER; s: ARRAY OF CHAR);
  (*rechtsbündige Text: x,y-rechts;*)
SetFont*(name: ARRAY OF CHAR); (*Schriftart festle-
  gen; *)
Show*; (*Graphik anzeigen*)
StringSize*(s: ARRAY OF CHAR; VAR w, h, dsr: INTEGER);
VertString*(col, x, y: INTEGER; s: ARRAY OF CHAR);
  (* Text vertikal anzeigen; *)

END Graphs.(Ende der Tabelle 6)

Tabelle 7.   Einige OBERON-Programmierungshilfen.

-Text löschen: schwarz machen, Edit - Cut
-Gelöschtes einfügen mit Edit-Paste
-Math-Definitionen (MODULE Math.Def): s.Tabelle 5.
-Graph-Definitionen, (MODULE Graph.Def): s. Tabelle 6.
-Bildschirm-Arbeits-Fläche (User Track): X, Y = 480, 400
-Bildschirm, gesamt: X, Y = 640, 480: X, Y = Punkt,
-Zahl der Pixels: X = Abszisse (Waagrechte),
                Y = Ordinate (Senkrechte).
-Kommentar: Eine in Klammern mit Stern (* .... *) eingefügte
            Erklärung ist im Programm bedeutungslos
z.B. (* x=MODULE-Name*)
    (* y = PROCEDURE-Name*)

<u>Arbeiten mit OBERON-System-Befehlen (OBS) auf System-Track:</u>

In OBS sind viele beim Programmieren erforderliche Tätigkeiten auf System-Track nummeriert aufgeführt, deren Ausführung durch ihre Aktivierung bzw. Anklicken der entsprechenden Nummer erfolgt. Aktivieren bedeutet, dass man mit dem Cursor auf die gewünschte OBS-Stelle geht und die (MM)-Maus-Taste (bei PC) bzw. (ctrl)-Taste (bei Macintosh) drückt. Jetzt kann man mit OBERON arbeiten.

Will man mit neuem Programm beginnen, d.h. auf der linken Arbeitsfläche Programmtext eintippen, ist es nötig, zuerst den MODULE-Namen bei Nr. 1 der OBS anstelle von x einzutippen und dann oberhalb stehende "Neues Programm" aktivieren. Dadurch entsteht leere Fläche mit

10 Tabellen

neuem MODULE-Namen auf dem Balken oberhalb der leeren Fläche des User-Track. Das wird auch bestätigt durch rechts oben mit "Loading x.Mod 0" (0 bedeutet, dass das Programm noch keinen Umfang hat).

Ähnlich kommmt man zu unter Nr. 1 vorliegenden Programmen und Muster-Programmen. Das Gewünschte wird aktiviert, worauf dieses auf der Arbeitsfläche (User-Track) erscheint mit x.Mod im Balken oberhalb. Auch hier wird im System-Track rechts oben bestättigt mit "Loading x.Mod mit Umfangzahl in Bytes.

Will man beenden, d.h. mit Computer nicht mehr programmieren, wird Nr. 6 (Oberon beenden) aktiviert. Ähnlich geht man vor, wenn das Programm fertig ist und man das Programm speichern (Nr. 3 der OBS) oder ausdrucken (Nr. 2 oder 2a der OSB) will. Schneller kann man beenden, wenn man links oben beim User-Track bei FILE System Quit mit dem Cursor schwarz macht.

(Ende der Tabelle 7)

Tabelle 8. Einige wichtige OBERON-Ausdrücke.

Vordefinierte Proceduren:
  ABS, CHR, ENTIER, INC, DEC, ORD, SHORT;

Kontrollstrukturen:
  *IF...THEN
    ELSIF ... THEN
    ELSE ... END
  *FOR ...TO ... BY ... DO
    ...END
  *WHILE ... DO... END
  *REPEAT ... UNTIL ...

Vordefinierte Typen:
  CHAR, BOOLEAN (=TRUE, FALSE), INTEGER, LONGINT, SHORTINT, REAL, LONGREAL

Operatoren:
  +, -, *, / ,& , ~ , OR , MOD , DIV

11 Stichwortregister

A

Addition 15, 23
Anweisung 14
  " , elementare 14
  " , strukturierte 16
Arbeitsfläche (User-
      Track) 10.
ARRAY 14
Ausgabeanweisung 15
Ausgabeeinheit 6
Ausgabeformatierung 15

B

Befehlsausführungs-
      taste 9
BEGIN 17
Beschriftung 68
Bildschirm 9, 173
Binärsystem 6
Bit 6
BOOLEAN 13
Byte 6

C

CHAR 13
Compiler 18, 20
Computer 5

D

Daten 12
Datenverarbeitung 12
Datentyp 12
DIV 15
Division 15, 23

E

Eingabe 14
Eingabeanweisung 14
Eingabedaten 14
Eingabeeinheit 6
ELSE 17
END 17

F

FALSE 13
FOR-Anweisung 16
Formatierung 15

11 Stichwortregister

G

Graphik-Programme 70
    (72-169)
Graphik-Programmieren
    68

H

Hardware 1

I

IF-Anweisung 17
IMPORT 23
Installieren OBERON-
    System3 9
INTEGER 12
Integrierte Schaltkreis 5

K

Kilobyte (kB) 6
Konstante 12,177
Kommentar 180
Kurve 67

L

Linie 67

M

Maus 9
Mikroprozessor 5
MOD 15
Multiplikation 15, 23

O

Oberon-System3 10
Oberon-Programmier-
    hilfen 180
Oberon-Math-Regeln
    177
Oberon-Graphik-
    Regeln 178
Oberon-Muster gew.
    Programme 175
Oberon-Muster-Gra-
    phik-Programme 176
Oberon-Arbeitsfläche
    für PC 174
Oberon-Arbeitsfläche
    für Mac 174
OBS 180
Operatoren 23

P

Positionsanzeige-
    taste 9
PROCEDURE 11
Programm 11

11 Stichwortregister

Programm-Aufbau 11
Programme, einfache 24
Programme, Graphik 70

R

REAL 13
REPEAT-Anweisung 16

S

Software 1
Speicher 5
Sin 177
Subtraktion 15, 23
System-Fläche (System-Track) 10
System-Track 10

T

Transistor 5
TRUE 13
Textverarbeitung
  - Programme 63
  - Adressen 64
  - Lessing Fabel 65
  - Gebote 66

V

Variablen 12
Variablen, einfache 12
Vereinbarung 12

W

WHILE-Anweisung 16

Z

Zahlen, binäre 6
Zahlen, dezimale 6
Zentraleinheit 6
Zuweisung-Anweisung 15

Pascal

Lehrbuch für das strukturierte Programmieren

von Doug Cooper und Michael Clancy

4., Aufl. 1998.
X, 519 S. (Lehrbuch)
Br. DM 84,00
ISBN 3-528-34316-8

Als deutsche Übersetzung des amerikanischen Erfolgstitel "Oh! Pascal!" liegt nunmehr die vierte Auflage der bewährten Einführung in das strukturierte Programmieren mit Pascal vor. Das Buch ist didaktisch sorgfältig aufgebaut, so dass der Leser Schritt für Schritt an die Lösung von Programmieraufgaben herangeführt wird. Beispiele und Übungsaufgaben unterstützen den Lernerfolg. Das Buch zeichnet sich dadurch aus, dass es präzise und vollständig die einzelnen Sprachelemente und Lösungsalgorithmen erarbeitet und sich dabei immer "flüssig" lesen läßt. Ein exzellentes Buch für den Einsatz in Schulen, Hochschulen und zum Selbststudium.

vieweg
Abraham-Lincoln-Straße 46
D-65189 Wiesbaden
Fax (0180) 5 78 78-80
www.vieweg.de

Stand Mai 1999
Änderungen vorbehalten.
Erhältlich beim Buchhandel oder beim Verlag.

Visual Basic für technische Anwendungen

Grundlagen, Beispiele und Projekte für Schule und Studium

von Jürgen Radel

1997. X, 230 S. mit Disk. (Ausbildung und Studium)
Geb. DM 59,00
ISBN 3-528-05584-7

Dieses Buch führt den Leser zielgerichtet und projektorientiert in die moderne Programmiersprache Visual Basic ein. Die Grundlagen der Programmierarbeit werden zunächst an möglichst einfach gehaltenen Beispielen demonstriert. Das für technische Anwendungen notwendige mathematische Grundlagenwissen wird an Hand verschiedener komplett durchprogrammierter Projekte eingeübt und gesichert. Es folgen im Hauptteil des Buches Technikbeispiele und -projekte aus den Gebieten Mechanik, Motorenkunde, Pumpen- bzw. Verdichterbau, Metallkunde und Kunststoffverarbeitung.

Die kompletten Programmlistings sind auf einer 3,5" Diskette dem Buch im Quellcode beigegeben, so dass dem interessierten Leser ein vertieftes Studium - weit über den Rahmen des Buches hinaus - ermöglicht wird.

Zudem findet er als nützliche Beilage diverse Tools, die ihm die tägliche Programmierarbeit erleichtern. Hierdurch wird es auch dem nur gelegentlich Programmierenden möglich, sich in kurzer Zeit das selbständige Erstellen attraktiver Windows-Programme zu erarbeiten.

vieweg
Abraham-Lincoln-Straße 46
D-65189 Wiesbaden
Fax (0180) 5 78 78-80
www.vieweg.de

Stand Mai 1999
Änderungen vorbehalten.
Erhältlich beim Buchhandel oder beim Verlag.

Standardwerk für alle Compiler

Die Kunst der objektorientierten Programmierung mit C++

Grundlagen und zuverlässige Techniken zur objektorientierten Softwareentwicklung

von Martin Aupperle

vieweg

1997.
XXVIII, 1001 S.
Geb. DM 128,00
ISBN 3-528-05481-6

OOP ist mehr als Klassen, Vererbung und Polymorphismus, und auch die Wizzards genügen bei großen Softwaresystemen nicht. Der professionelle Programmierer benötigt vielmehr ein genaues Verständnis über die verfügbaren Sprachmittel und deren Einsatz bei konkreten Problemstellungen. Der neue Sprachstandard für C++ definiert insbesondere mit Templates, Namespaces, Exceptions und RTTI einen umfangreichen Werkzeugkasten, der richtig eingesetzt werden will. Kompetente und umfassende Antwort auf diese Frage erhält der Leser in diesem Buch. Der Leitfrage des Buches (Wie setze ich eine gegebene Problemstellung in ein objektorientiertes Programm um?) wird in folgender Hinsicht entsprochen durch: - die Besprechung der zur Verfügung stehenden Sprachmittel - die Berücksichtigung des kommenden Sprachstandards - die Vermittlung des methodischen Rüstzeuges - durchgängige Beispiele, Fallstudien zu ausgewählten Problemen sowie praxisbewährte Projekte. Der vollständige Quelltext aller Fallstudien und Projekte sowie eine Informationsseite mit neuesten Informationen zur Sprache steht im Internet zur Verfügung. Auf Wunsch ist auch eine Diskette mit den Quellen erhältlich.

vieweg

Abraham-Lincoln-Straße 46
D-65189 Wiesbaden
Fax (0180) 5 78 78-80
www.vieweg.de

Stand Mai 1999
Änderungen vorbehalten.
Erhältlich beim Buchhandel oder beim Verlag.